Nikon D5500
数码单反摄影技巧大全

张晓卫 编著

化学工业出版社

·北京·

本书是一本全面解析 Nikon D5500 强大功能、实拍设置技巧及各类拍摄题材实战技法的实用类书籍，将官方手册中没讲清楚的内容以及抽象的功能描述，以实拍测试、精美照片展示、文字详解的形式讲明白、讲清楚。

在相机功能及拍摄参数设置方面，本书不仅针对 Nikon D5500 相机结构、菜单功能以及光圈、快门速度、白平衡、感光度、曝光补偿、测光模式、对焦模式、拍摄模式等设置技巧进行了详细的讲解，更有详细的菜单操作图示，即使是没有任何摄影基础的初学者也能够根据这样的图示，玩转相机的菜单及功能设置。

在镜头与附件方面，本书针对数款适合该相机配套使用的高素质镜头进行了详细点评，同时对常用附件的功能、使用技巧进行了深入的解析，以便各位读者有选择地购买相关镜头、附件，与 Nikon D5500 配合使用拍摄出更漂亮的照片。

在实战技术方面，本书以大量精美的实拍照片，深入剖析了使用 Nikon D5500 拍摄人像、风光、昆虫、鸟类、花卉、建筑等常见题材的技巧，以便读者快速提高摄影技能，达到较高的境界。

经验和解决方案是本书的亮点之一，本书精选了数位资深摄影师总结出来的大量关于 Nikon D5500 的使用经验及技巧，这些来自一线摄影师的经验和技巧，能够帮助读者少走弯路，让您感觉身边时刻有"高手点拨"。本书还汇总了摄影爱好者初上手使用 Nikon D5500 时可能会遇到的一些问题、出现的原因及解决方法，相信能够解决许多爱好者遇到这些问题求助无门的苦恼。

全书语言简洁，图示丰富、精美，即使是接触摄影时间不长的新手，也能够通过阅读本书在较短的时间内精通 Nikon D5500 相机的使用并提高摄影技能，从而拍摄出令人满意的摄影作品。

图书在版编目（CIP）数据

Nikon D5500 数码单反摄影技巧大全/张晓卫编著．

北京：化学工业出版社，2015.6（2016.11 重印）

ISBN 978-7-122-23673-9

Ⅰ.①N… Ⅱ.①张… Ⅲ.①数字照相机-单镜头反光照相机-摄影技术 Ⅳ.①TB86②J41

中国版本图书馆 CIP 数据核字（2015）第 079267 号

责任编辑：孙　炜　王思慧　　　　　　　　　　　装帧设计：王晓宇

出版发行：化学工业出版社（北京市东城区青年湖南街 13 号　邮政编码 100011）

印　　装：北京方嘉彩色印刷有限责任公司

787mm×1092mm　1/16　印张 14　字数 350 千字　2016 年 11 月北京第 1 版第 2 次印刷

购书咨询：010-64518888（传真：010-64519686）　售后服务：010-64518899

网　　址：http://www.cip.com.cn

凡购买本书，如有缺损质量问题，本社销售中心负责调换。

定　　价：69.80 元　　　　　　　　　　　　　　　　　　　版权所有　违者必究

前　言

Nikon D5500 是尼康最新发布的中端入门机型，具有全高清视频拍摄功能、39 个对焦点、可翻转液晶显示屏、1/4000s 的高速快门等优秀性能，其像素量达到了 2478 万。更值得一提的是，D5500 使用了高性能图像处理器 EXPEED 4，这无疑会使该相机的图像处理速度得到大幅度提高。因此，虽然 D5500 是定位于中端入门级的数码单反相机，但其功能还是相当强大的。

如果仅仅是简单地会用该相机，难度并不高，许多爱好者通过自我摸索，上网搜索相关资料就可以掌握其基本使用方法。但作为一款功能比较强大的数码单反相机，如果相机的拥有者对自己的要求仅仅停留在会用的程度，无疑是浪费资源。

而要达到熟练掌握各种拍摄参数的设置技巧，灵活运用相机的各种功能拍出有一定艺术水准的摄影作品的目标并不容易，必须要阅读专门讲解该相机使用方法和技巧方面的专业图书，请教相机使用的资深高手，以及遇到问题及时在网上求解。

本书正是一本全面解析 Nikon D5500 强大功能，实拍设置技巧及各类拍摄题材实战技法的实用类书籍，将官方手册中没讲清楚的内容以及抽象的功能，通过实拍测试及精美照片示例具体、形象地展现出来。

在相机功能及拍摄参数设置方面，本书不仅针对 Nikon D5500 相机结构、菜单功能以及光圈、快门速度、白平衡、感光度、曝光补偿、测光模式、对焦模式、拍摄模式等设置技巧进行了详细的讲解，更有详细的菜单操作图示，即使是没有任何摄影基础的初学者也能够根据这样的图示，玩转相机的菜单及功能设置。

在镜头与附件方面，本书针对数款适合该相机配套使用的高素质镜头进行了详细点评，同时对常用附件的功能、使用技巧进行了深入的解析，以便各位读者有选择地购买相关镜头、附件，与 Nikon D5500 配合使用拍摄出更漂亮的照片。

在实战技术方面，本书通过大量精美的实拍照片，深入剖析了使用 Nikon D5500 拍摄人像、风光、昆虫、鸟类、花卉、建筑等常见题材的技巧，以便读者快速摆脱拍照片的水平，达到较高的摄影境界。

另外，本书精选了数位资深玩家总结出来的大量关于 Nikon D5500 的使用经验及技巧，这些来自一线摄影师的经验和技巧，一定能够帮助各位读者少走弯路，让您感觉身边时刻有"高手点拨"。本书还总结了初学者在使用 Nikon D5500 时经常遇到的一些问题，并一一进行了解答，省去了各位读者大量咨询、查阅的时间。

为了方便广大读者及时与笔者交流与沟通，有条件上网的读者朋友可以加入光线摄影交流 QQ 群（群 1：140071244，群 2：231873739，群 3：285409501）。

本书是集体劳动的结晶，参与本书编著的还包括雷剑、吴腾飞、雷波、左福、范玉婵、刘志伟、李美、邓冰峰、詹曼雪、黄正、孙美娜、刑海杰、刘小松、陈红艳、徐克沛、吴晴、李洪泽、漠然、李亚洲、佟晓旭、江海艳、董文杰、张来勤、刘星龙、边艳蕊、马俊南、姜玉双、李敏、邰琳琳、卢金凤、李静、肖辉、寿鹏程、管亮、马牧阳、杨冲、张奇、陈志新、孙雅丽、孟祥印、李倪、潘陈锡、姚天亮、车宇霞、陈秋娣、楮倩楠、王晓明、陈常兰、吴庆军、陈炎、苑丽丽、杜林、张晶、王芬、李方兰、刘肖、仝莎莎等。

编　者

2015 年 3 月

Chapter 01

掌握 Nikon D5500 从机身开始

Chapter 02

初上手一定要学会的菜单设置

Chapter 03

必须掌握的基本曝光与对焦设置

Chapter 04
活用曝光模式拍出好照片

Chapter 05

拍出佳片必须掌握的高级曝光技巧

Chapter 06

不可忽视的即时取景与视频拍摄功能

Chapter 07

Nikon D5500 镜头选择及使用技巧

Chapter 08
用附件为照片增色的技巧

Chapter 09
Nikon D5500 人像摄影技巧

Chapter 10

Nikon D5500 风光摄影技巧

Chapter 11

Nikon D5500 昆虫与鸟类摄影技巧

Chapter 12

Nikon D5500 花卉摄影技巧

Chapter 13

Nikon D5500 建筑摄影技巧

01

Chapter ——

掌握Nikon D5500

从机身开始

Nikon D5500相机
正面结构

① **AF 辅助照明器/自拍指示灯/防红眼灯**

当拍摄场景的光线较暗时，该灯会亮起，以辅助对焦；当选择自拍释放模式时，此灯会连续闪烁进行提示；使用防红眼闪光模式时，此灯会在主闪光前点亮 1 秒

② **反光板**

能够将从镜头进入的光线反射至取景器内，使摄影师能够通过取景器进行取景、对焦

③ **安装标记**

将镜头上的白色标志与机身上的白色标志对齐，旋转镜头，即可完成镜头的安装

④ **镜头释放按钮**

用于拆卸镜头，按下此按钮并旋转镜头的镜筒，可以把镜头从机身上取下来

⑤ **镜头卡口**

尼康数码单反相机采用 AF 卡口，可安装所有此卡口的镜头

⑥ **CPU触点**

通过 CPU 触点，相机可以识别 CPU 镜头（特别是 G 型和 D 型）

⑦ **红外线接收器（前）**

用于接收遥控器信号

Nikon D5500相机

侧面结构

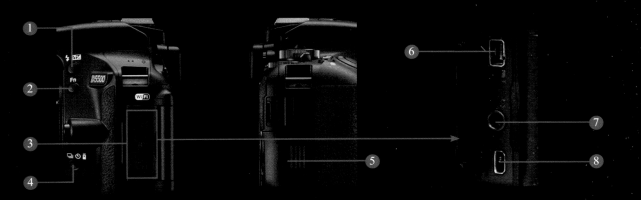

1 闪光模式按钮/闪光补偿按钮

按下此按钮并旋转指令拨盘，可以设置闪光模式。按下此按钮及曝光补偿按钮并旋转指令拨盘可以设置闪光补偿值

2 Fn 功能按钮

此按钮的默认功能为设置 ISO 感光度，在"自定义设定"菜单中可将其变更为其他功能

3 接口盖

内有高清电视的 HDMI mini-pin 接口、配件端子、外置麦克风接口、音频连接器以及 USB 接口

4 释放模式按钮/自拍按钮/遥控按钮

配合指令拨盘可以设置快门的释放方式，如单拍、自拍以及连拍；连上遥控器，可以进行离机拍摄

5 存储卡插槽盖

用于插入与相机兼容的 SD、SDHC、SDXC 等存储卡

6 配件端子

通过将连接器上的● 标记与配件端子旁边的●对齐，可连接遥控线

7 外置麦克风接口

通过将带有立体声微型插头的外接麦克风连接到相机的外接麦克风输入端子，便可录制立体声

8 USB和音频/视频连接器

用于连接计算机、电视机以查看图像或短片；连接打印机可以打印图像

Nikon D5500相机

背面结构

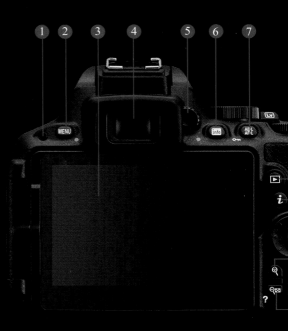

1 红外线接收器（后）

用于接收遥控信号

2 菜单按钮/恢复默认设定按钮

按下此按钮后，可显示相机的菜单；同时按住此按钮和 info 按钮，可将相机的部分设定恢复为默认值

3 显示屏

用于显示菜单、即时取景、查看照片、播放动画；此显示屏可以触摸和翻转，使操作相机及拍摄角度更为灵活、方便

4 取景器接目镜

在拍摄时，通过观察取景器目镜中的景物进行取景构图

5 屈光度调节控制器

对于视力不好又不想戴眼镜拍摄的摄影师，可以通过调整屈光度，以便在取景器中看到清晰的影像

6 信息按钮/恢复默认设定按钮

按下此按钮，可在显示屏中查看设定；在即时取景模式下，每按此按钮可切

换信息显示形式；同时按住此按[钮和] MENU 按钮，可将相机的部分设[定恢]复为默认值

7 AE-L/AF-L按钮/保护按钮

用于锁定曝光、对焦等，可在"自[定义]设定"菜单中改变其设置；在回放[照片]时，按下此按钮可保护照片不被删[除]

8 指令拨盘

用于改变光圈、快门速度数值或[选择]照片

9 播放按钮

按下此按钮时，可切换至查看照片

10 i按钮

按下此按钮可以激活显示屏底部[的参]数设置，然后使用多重选择器选[择并]修改；在即时取景模式下，按下[此按]钮也可以进入常用设定修改界面

11 多重选择器

用于选择菜单命令、浏览照片、[选择]对焦点等操作

Nikon D5500相机

顶部结构

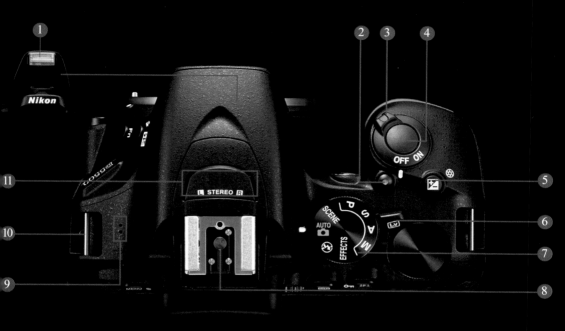

1 内置闪光灯

开启后可为拍摄对象补光

2 动画录制按钮

按下动画录制按钮将开始录制视频，显示屏中会显示录制
指示及可用录制时间

3 电源开关

用于控制相机的开启及关闭

4 快门释放按钮

半按快门可以开启相机的自动对焦及测光系统，完全按下
时即可完成拍摄。当相机处于省电状态时，轻按快门可以
恢复工作状态

5 曝光补偿按钮/调整光圈按钮/闪光补偿按钮

按下此按钮并旋转指令拨盘可设置曝光补偿；在 M 挡全手动
曝光模式下，按下此按钮并旋转指令拨盘可设置光圈；按
住此按钮和 ⚡（❷）按钮并同时旋转指令拨盘可设置闪
光补偿

6 即时取景开关

向下拨动此开关，反光板将被弹起且镜头视野将出现在
相机显示屏中。此时，取景器中将无法看见拍摄对象，
在此状态下可以用即时取景模式拍摄照片或录制动画

7 模式拨盘

用于选择不同的拍摄模式，以拍摄不同的题材

8 配件热靴

用于安装外置闪光灯、无线引闪器等设备

9 扬声器

用于在播放视频时播放声音

10 相机背带孔

用于安装相机背带

11 立体声麦克风

在录制视频时，如果把声音录制设置为打开，则可利用
此麦克风录制立体声音频

Nikon D5500相机
取景器

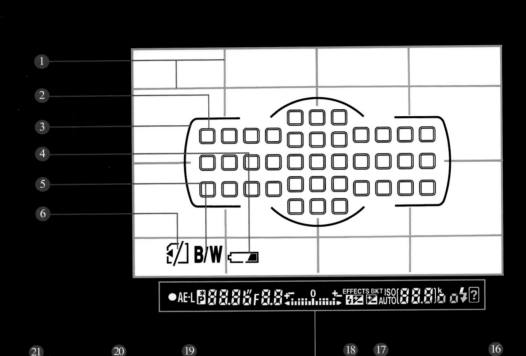

① 取景网格

② 对焦点

③ AF区域框

④ 低电池电量警告

⑤ 单色指示

⑥ "无存储卡"图标

⑦ 对焦指示

⑧ 柔性程序指示

⑨ 曝光指示/曝光补偿显示/

电子测距仪

⑩ 闪光补偿指示

⑪ 曝光补偿图标

⑫ 自动ISO 感光度指示

⑬ 剩余可拍摄张数/内存缓冲区被占满之前的剩余可拍摄张数/白平衡记录指示/曝光补偿值/闪光补偿值/ISO感光度值/捕捉模式指示

⑭ 闪光预备指示灯

⑮ 警告指示

⑯ "K"表示剩余可拍摄数超过1000

⑰ 包围指示

⑱ 特殊效果模式指示

⑲ 光圈（F 值）

⑳ 快门速度

㉑ 自动曝光（AE）锁定

Nikon D5500相机
显示屏

① 触控Fn功能指定
② 暗角控制指示
③ 日期戳指示
④ 相机电池电量
⑤ ISO感光度显示
⑥ 曝光指示/曝光补偿指示/包围进程
⑦ 剩余可拍摄张数/白平衡指示/捕捉模式指示
⑧ ISO感光度

⑨ 曝光补偿
⑩ 白平衡
⑪ 闪光补偿
⑫ 动态D-Lighting
⑬ 闪光模式
⑭ HDR（高动态范围）
⑮ 测光模式
⑯ AF区域模式
⑰ 自动包围
⑱ 对焦模式

⑲ 图像尺寸
⑳ 优化校准
㉑ 图像品质
㉒ AF区域模式指示/对焦点
㉓ 释放模式
㉔ 快门速度值
㉕ 光圈值
㉖ 拍摄模式

『焦距：24mm ┊ 光圈：F16 ┊ 快门速度：1/320s ┊ 感光度：ISO200』

Chapter 02
初上手一定要学会的菜单设置

菜单的使用方法

Nikon D5500 的菜单功能强大，熟练掌握菜单相关的操作，可以帮助我们进行更快速、准确的设置。下面先来介绍一下机身上与菜单设置相关的功能按钮。

● 菜单按钮

按下此按钮即可在显示屏中显示菜单项目

● 缩略图按钮/缩小按钮/帮助按钮

在选择各个菜单命令时，按下此按钮可以查看基本的功能介绍

● OK（确定）按钮

用于选择菜单命令或确认当前的设置

● 多重选择器

用于选择菜单命令。按下◀或▶方向键还可以在子菜单与父菜单之间进行切换

使用菜单时，可以先按下菜单按钮，在显示屏中就会显示相应的菜单项目，位于菜单左侧从上到下有 7 个图标，代表 7 个菜单项目，依次为播放▶、拍摄📷、自定义设定✐、设定🔧、润饰🎨、我的菜单📇以及最底部的"问号"图标（即帮助图标）。当"问号"图标出现时，表明有帮助信息，此时可以按下帮助按钮进行查看。

菜单的基本操作方法如下。

❶ 要在各个菜单项之间进行切换，可以点击屏幕左侧上的项目图标。

❷ 在左侧点击选择一个菜单项目，然后在下拉菜单中点击选择其中的子菜单命令。

❸ 点击选择一个子菜单命令后，可进入其详细参数设置界面，根据不同的参数内容，可以使用指令拨盘、多重选择器等进行参数设置。

❹ 参数设置完毕后，若想返回上一级菜单，点击 🔙 图标则返回上一级菜单，并不保存当前的参数设置。

设定步骤

❶ 在左列点击选择菜单项目　　❷ 点击选择子菜单　　❸ 进行参数选择及设置

在显示屏中设置常用参数

Nikon D5500 作为一款中端入门级数码单反相机，主要的参数设置功能全部集中在显示屏上。

 →  →

在显示屏中设置参数的方法如下。

❶ 按下 *i* 按钮开启显示屏信息显示模式，点击右下角的 *i* 标可选择拍摄信息选项。

❷ 点击选择要设置的拍摄选项。

❸ 进入该拍摄参数的具体设置界面。

❹ 点击选择参数即可确定更改并返回初始界面。

利用机身按钮设置拍摄参数

在 Nikon D5500 上，对于特别常用的拍摄参数，例如闪光模式、闪光补偿、曝光补偿等可以通过按下相应的机身按钮，然后转动指令拨盘即可调整相应的参数。右图展示了使用机身按钮设置闪光模式的操作步骤。

对于光圈、快门速度等参数而言，在某些拍摄模式下，直接转动指令拨盘即可进行设置，而无需按下任何按钮。

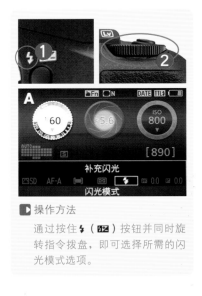

▶ 操作方法

通过按住 ⚡（⚡️）按钮并同时旋转指令拨盘，即可选择所需的闪光模式选项。

设置相机显示参数

把相机设定为中文显示

Nikon D5500 为用户提供了多种显示语言，包括简体中文、繁体中文、英语、德语、俄语、韩语、日语、西班牙语等。开机后可以使用"语言 (Language)"菜单将相机的显示语言设置为自己需要的语言文字，如简体中文。

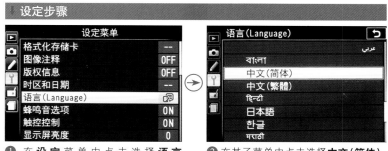

❶ 在**设定**菜单中点击选择**语言 (Language)** 选项

❷ 在其子菜单中点击选择**中文(简体)** 选项即可

利用自动关闭延迟提高相机的续航能力

利用"自动关闭延迟"菜单可以控制在播放、菜单查看、图像查看以及即时取景过程中，未执行任何操作时，显示屏保持开启的时间长度。

❶ 进入**自定义设定**菜单，点击选择 **c 计时 /AE 锁定**中的 **c2 自动关闭延迟**选项

❷ 点击选择自动关闭延迟的时间，也可以在自定义设置延迟的时间

高手点拨：在"自动关闭延迟"菜单中将时间设置得越短，对节省电池的电力越有利，这一点在身处严寒环境拍摄时显得尤其重要，因为在这样的低温环境中电池的电量消耗会很快。

▼ 在低温环境下，相机的电量消耗较快，此时需要开启此功能以提高相机的续航能力『焦距：38mm ┊ 光圈：F16 ┊ 快门速度：1/200s ┊ 感光度：ISO100』

让相机显示正确的拍摄时间

大多数摄友通常都以时间＋标注的形式整理自己拍摄的数码照片，例如"2014-11-16-亚洲之旅"。在这种情况下，让相机正确显示日期和时间就显得非常重要，利用"时区和日期"菜单可以很好地完成设置日期与时间的任务。

设定步骤

❶ 在**设定**菜单中点击选择**时区和日期**选项

❷ 点击选择**时区**选项

❸ 点击◀或▶方向图标，选择所需的时区

❹ 如在步骤❷中点击选择**日期和时间**选项

❺ 可左右点击选择**年月日时分秒**，点击▲或▼方向图标可修改其数值

❻ 如果在步骤❷中点击选择**日期格式**选项

❼ 可在下级菜单中点击选择所需的日期显示格式

❽ 如果在步骤❷中选择**夏令时**选项

❾ 可点击选择**开启**或**关闭**选项

利用取景器网格轻松构图

Nikon D5500 相机的"取景器网格显示"功能可以为我们进行比较精确构图提供极大的便利，如严格的水平线或垂直线构图等。另外，3×3 的网格结构也可以帮助我们进行较准确的三分法构图，这在拍摄时是非常实用的功能。

该菜单用于设置是否显示取景器网格，包含"开启"和"关闭"两个选项。选择"开启"选项时，在拍摄时取景器中将显示网格线以辅助构图。

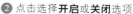

设定步骤

d 拍摄/显示	
c3 自拍	--
c4 遥控持续时间(ML-L3)	1m
d1 曝光延迟模式	OFF
d2 文件编号次序	OFF
取景器网格显示	OFF
d4 日期戳	OFF
d5 反转指示器	-o+
e1 内置闪光灯闪光控制	TTL⚡

d3取景器网格显示
开启
关闭

❶ 进入**自定义设定**菜单，点击选择 d **拍摄 / 显示**中的 d3 **取景器网格显示**选项

❷ 点击选择**开启**或**关闭**选项

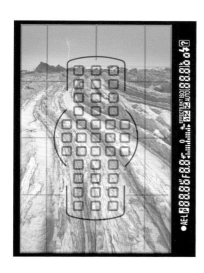

▶ 拍摄有水平线的画面时，只凭人眼很难确定其是否处于水平状态，开启"取景器网格显示"功能后，可以利用水平网格线作为参照，以确保水平线处于水平状态『焦距：24mm ┊ 光圈：F16 ┊ 快门速度：3s ┊ 感光度：ISO200』

改变 LCD 显示屏亮度以适应环境光

通过修改显示屏亮度，可以适应不同环境下的显示需求。同时，在回放照片时，合适的显示屏亮度也可以帮助我们更好地查看所拍照片的效果。

根据使用经验，在拍摄时应尽量不要调整显示屏的亮度，因为数码相机的显示屏亮度在相机出厂时就已经经过了严格的校准。

如果对显示屏亮度进行较大的调整，有可能导致同一张照片在显示屏上观察的效果与在电脑上显示的效果截然不同，下面以花卉摄影为例进行说明。

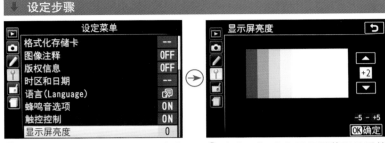

❶ 点击选择**设定**菜单中的**显示屏亮度**选项

❷ 点击▲或▼方向图标调整显示屏的亮度

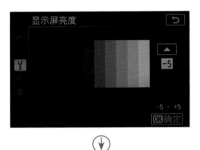

▲ 将显示屏的亮度设置得比较低时，在显示屏上观察觉得曝光合适的照片，但在电脑上显示时却很亮

▲ 将显示屏的亮度设置为零时，照片在显示屏上观察的效果与在电脑上显示的效果相似

▲ 将显示屏的亮度设置得比较高时，在显示屏上观察觉得曝光合适的照片，但在电脑上显示时却很暗

 高手点拨：只有当相机使用了很长时间，或者显示屏和电脑显示器的显示效果相差很大时，方可对显示屏的亮度进行微调。当然，如果拍摄后是通过直方图判断照片的曝光是否合适的话，则无需考虑改变显示屏亮度可能导致的问题。但根据笔者的经验，许多初学者仍然习惯于通过显示屏显示的画面亮度来判断照片是过曝还是欠曝，而不是通过直方图进行判断，这样很容易由于环境光线的强弱不同及显示屏的亮度不同而造成误判。因此，对于摄影初学者而言，必须养成正确的拍摄习惯，掌握利用直方图判断照片曝光情况这一必备技能。

设置相机控制参数

指定 Fn 按钮功能

　　Fn 按钮相当于一个自定义功能按钮，可以根据个人的操作习惯或临时的拍摄需求，为其指定一个功能。在 Nikon D5500 中，可以为按下 Fn 按钮指定不同的功能，如果能够按自己的拍摄操作习惯对该按钮的功能进行重新定义，就能够使拍摄操作更顺手。

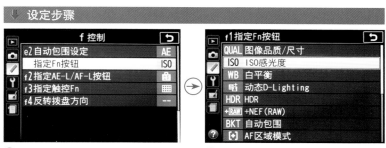

设定步骤

❶ 进入**自定义设定**菜单，点击选择 f **控制**中的 f1 **指定 Fn 按钮**选项

❷ 点击选择一个选项为 Fn 按钮指定功能

▲ Nikon D5500 上的 Fn 按钮

● 图像品质 / 尺寸：按住 Fn 按钮，同时旋转指令拨盘可选择图像品质和尺寸。

● ISO 感光度：按住 Fn 按钮，同时旋转指令拨盘可选择 ISO 感光度。

● 白平衡：按住 Fn 按钮，同时旋转指令拨盘可选择白平衡（仅限于 P 挡程序自动模式、S 挡快门优先模式、A 挡光圈优先模式和 M 挡全手动模式）。

● 动态 D-Lighting：按住 Fn 按钮，同时旋转指令拨盘可选择动态 D-Lighting（仅限于 P 挡程序自动模式、S 挡快门优先模式、A 挡光圈优先模式和 M 挡全手动模式）。

● HDR：按住 Fn 按钮，同时旋转指令拨盘可调整 HDR 设定（仅限于 P 挡程序自动模式、S 挡快门优先模式、A 挡光圈优先模式和 M 挡全手动模式）。

● +NEF（RAW）：若图像品质被设为"JPEG 精细""JPEG 标准"或"JPEG 基本"，按下 Fn 按钮后，"RAW"将出现在信息显示中，且在按下该按钮拍摄下一张照片的同时，将记录一个 NEF（RAW）副本。若不记录 NEF（RAW）副本直接退出，再次按下 Fn 按钮即可。当在特殊效果模式中选择"夜视""超级鲜艳""流行""照片说明""玩具照相机效果""模型效果"或"可选颜色"时，该选项无效。

● 自动包围：按住 Fn 按钮，同时旋转指令拨盘可选择包围增量（曝光和白平衡包围），或者开启或关闭动态 D-Lighting 包围（仅限于 P 挡程序自动模式、S 挡快门优先模式、A 挡光圈优先模式和 M 挡全手动模式）。

● AF 区域模式：按住 Fn 按钮，同时旋转指令拨盘可选择 AF 区域模式。

● 取景器网格显示：按下 Fn 按钮，可显示或隐藏取景器取景网格。

● Wi-Fi：按下 Fn 按钮可显示 Wi-Fi 菜单。

反转拨盘方向

如果希望改变调整曝光补偿、快门速度、光圈时指令拨盘的旋转方向，可以利用此菜单命令进行重新设定。

❶ 进入**自定义设定**菜单，点击选择 f **控制**中的 f4 **反转拨盘方向**选项

❷ 点击选择**曝光补偿**选项

❸ 点击勾选此选项

反转指示器

指示器用于指示当前的曝光情况，是摄影师判断使用当前曝光参数组合拍出的画面是否过曝或欠曝的重要依据。

根据个人的喜好，可以使用"反转指示器"菜单设置指示器的方向。例如，在默认情况下，取景器和信息显示中的曝光指示在左边显示负值，在右边显示正值，即 ━◂ⅰⅰⅰⅰⅰ⁰ⅰⅰⅰⅰ▸＋（-0+）。如果对此感到不习惯，也可以将其修改为在左边显示正值，在右边显示负值，即 ＋◂ⅰⅰⅰⅰⅰ⁰ⅰⅰⅰⅰ▸━（+0-）。在最初选择一种指示器的方向后，无需对其进行修改，以免由于已经习惯了这种模式而导致曝光错误。

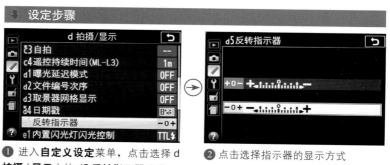

❶ 进入**自定义设定**菜单，点击选择 d **拍摄/显示**中的 d5 **反转指示器**选项

❷ 点击选择指示器的显示方式

▶ 将指示器指定为习惯的显示方式，根据其显示的曝光情况来调整曝光，有利于摄影师得到理想的画面效果『焦距：20mm ┊ 光圈：F8 ┊ 快门速度：6s ┊ 感光度：ISO100』

空插槽时快门释放锁定

如果忘记为相机装存储卡，无论你多么用心拍摄，只会白白浪费时间和精力。在"空插槽时快门释放锁定"菜单中可以设置是否允许无存储卡时按下快门，从而防止出现未安装存储卡而进行拍摄的情况。

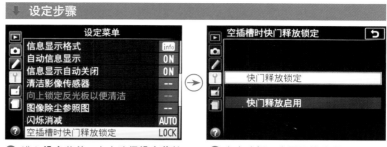

① 进入**设定**菜单，点击选择**设定菜单**中的**空插槽时快门释放锁定**选项

② 点击选择一个需要的选项

● 快门释放锁定：选择此选项，则不允许无存储卡时按下快门。

● 快门释放启用：选择此选项，则未安装存储卡时仍然可以按下快门，但照片无法被存储。此时，照片将以demo模式出现在显示屏中。

设置影像存储参数

设置存储文件夹

该菜单用于设置对当前使用的存储文件夹的具体操作方式。

① 点击选择**拍摄菜单**中的**存储文件夹**选项

② 可选择**按编号选择文件夹**或**从列表中选择文件夹**选项

③ 若选择了**按编号选择文件夹**选项，点击选择一个数字框，点击▲或▼方向图标修改数值

● 按编号选择文件夹：选择此选项，可以选择文件夹的编号，若存储卡中存在所选编号的文件夹，则在文件夹编号左方将显示一个📁、📂或📑图标，分别表示空文件夹、文件夹还剩余部分空间或文件夹已满的意思，以提示用户此文件夹的存储空间；若存储卡中不存在所选编号的文件夹，则会新建一个文件夹，并且拍摄的照片都将存储在此文件夹中。

● 按编号选择文件夹：选择此选项，可以从现有的文件夹列表中选择一个文件夹，作为存储照片的文件夹。

设置自动旋转图像方便浏览

当使用相机竖拍时，为了方便查看，可以使用"自动旋转图像"功能将所拍摄的竖画幅照片旋转为竖直方向显示。

● 开启：选择此选项，则拍摄的照片中包含相机方向信息，这些照片在播放过程中或者在ViewNX2或捕影工匠中查看时会自动旋转。可记录的方向包括风景（横向）方向、相机顺时针转动90°、相机逆时针转动90°。

● 关闭：选择此选项，则不记录相机的方向信息。

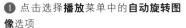

❶ 点击选择**播放**菜单中的**自动旋转图像**选项

❷ 点击选择**开启**或**关闭**选项

▲ 风景（横向）方向

▲ 相机顺时针旋转90º

▲ 相机逆时针旋转90º

▼ 拍摄横画幅的风景照片时，不必开启"自动旋转图像"功能『焦距：17mm ┊ 光圈：F13 ┊ 快门速度：1/3s ┊ 感光度：ISO100』

根据用途及后期处理要求设置图像品质

在拍摄过程中，根据照片的用途及后期处理要求，可以通过"图像品质"菜单设置照片的保存格式与品质。如果是用于专业输出或希望为后期调整留出较大的空间，则应采用 RAW 格式；如果只是日常记录或是要求不太严格的拍摄，使用 JPEG 格式即可。

采用 JPEG 格式拍摄的优点是文件小、通用性高，适用于网络发布、家庭照片洗印等，而且可以使用多种软件对其进行编辑处理。虽然压缩率较高，损失了较多的细节，但肉眼基本看不出来，因此是一种最常用的文件存储格式。

RAW 格式则是一种数码单反相机专属格式，它充分记录了拍摄时的各种原始数据，因此具有极大的后期调整空间，但必须使用专用的软件进行处理，如 Photoshop、ViewNX 2 或捕影工匠等，经过后期调整转换格式后才能够输出照片，因而在专业摄影领域常使用此格式进行拍摄。其缺点是文件容量特别大，尤其在连拍时会极大地降低连拍的数量。

就图像质量而言，虽然采用"精细""标准"和"基本"品质拍摄的结果，用肉眼不容易分辨出来，但画面的细节和精细程度还是有区别的，因此，除非万不得已（如存储卡空间不足等），应尽可能使用"精细"品质。

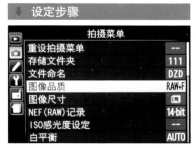

❶ 点击选择**拍摄**菜单中的**图像品质**选项

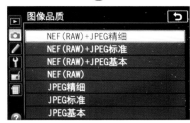

❷ 点击选择文件存储格式及品质

 高手点拨：如果在Photoshop软件中无法打开使用Nikon D5500拍摄并保存的后缀名为NEF的RAW格式文件，则需要升级Adobe CameraRaw插件。该插件会根据新发布的相机型号，及时地推出更新升级包，以确保能够打开使用各种相机拍摄的RAW格式文件。

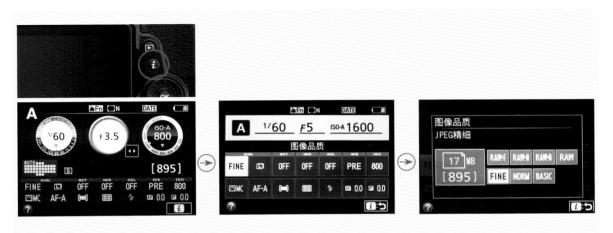

▶ 操作方法

按下 *i* 按钮开启显示屏，然后点击显示屏右下角 *i* 图标进入显示屏设置状态，点击选择图像品质图标，显示 7 个图像品质选项，点击选择其中一个选项。

●NEF（RAW）+JPEG 精细/标准/基本：选择此选项，将记录两张照片，即一张 NEF（RAW）图像和一张精细/标准/基本品质的 JPEG 图像。

●NEF（RAW）：选择此选项，则来自图像感应器的原始数据以尼康电子格式（NEF）直接被保存到存储卡中。拍摄后可调整白平衡和对比度等参数。

●JPEG 精细：选择此选项，则以大约 1:4 的压缩率记录 JPEG 图像（精细图像品质）。

●JPEG 标准：选择此选项，则以大约 1:8 的压缩率记录 JPEG 图像（标准图像品质）。

●JPEG 基本：选择此选项，则以大约 1:16 的压缩率记录 JPEG 图像（基本图像品质）。

▲ 将"图像品质"设置为"JPEG 精细"与"JPEG 基本"的局部效果对比，通过放大图可以看出，"JPEG 精细"比"JPEG 基本"的画质要略胜一筹『焦距：17mm ┊光圈：F11 ┊快门速度：1/3s ┊感光度：ISO200』

Q：什么是 RAW 格式文件？

A：简单地说，RAW 格式文件就是一种数码照片文件格式，包含了数码相机传感器未处理的图像数据，相机不会处理来自传感器的色彩分离的原始数据，仅将这些数据保存在存储卡中。

这意味着相机将（所看到的）全部信息都保存在图像文件中。采用 RAW 格式拍摄时，数码相机仅保存 RAW 格式图像和 EXIF 信息（相机型号、所使用的镜头、焦距、光圈、快门速度等）。摄影师设定的对比度、饱和度、清晰度、色调等都不会影响所记录的图像数据。

Q：使用 RAW 格式拍摄的优点有哪些？

A：使用 RAW 格式拍摄有如下优点。

● 可将相机中的许多文件处理工作转移到计算机上进行，从而可进行更细致的处理，包括白

平衡、高光区、阴影区调节，以及清晰度、饱和度控制。对于非 RAW 格式文件而言，由于在相机内处理图像时，已经应用了白平衡设置，因此画质会有部分损失。

● 可以使用最原始的图像数据（直接来自于传感器），而不是经过处理的信息，这毫无疑问将得到更好的画面效果。

● 可以采用 14 位深度记录图像，这意味着照片将保存更多的颜色，使最后的照片达到更平滑的梯度和色调过渡。

● 可在电脑上以不同幅度增加或减少曝光值，从而在一定程度上纠正曝光不足或曝光过度。但需要注意的是，这无法从根本上改变照片欠曝或过曝的情况。

根据用途及存储空间设置图像尺寸

图像尺寸直接影响着最终输出照片的大小，通常情况下，只要存储卡空间足够，那么就建议使用大尺寸，以便于在计算机上通过后期处理软件，以裁剪的方式对照片进行二次构图处理。

另外，如果照片是用于印刷、洗印等，也推荐使用大尺寸记录。如果只是用于网络发布、简单的记录或在存储卡空间不足时，则可以根据情况选择较小的尺寸。

设定步骤

① 点击选择**拍摄**菜单中的**图像尺寸**选项

② 点击选择照片的尺寸（当选择 RAW 品质时，此选项不可用）

图像尺寸	像素量	打印尺寸（cm）
L 大	6000×4000	50.8×33.9
M 中	4496×3000	38.1×25.4
S 小	2992×2000	25.3×16.9

▼ 类似于这样到此一游或纪实类的照片，在实际应用中一般不会以很大的尺寸印刷，因此在拍摄时也没有必要把图像设置为很大的尺寸。另外，设置较小的尺寸可以节省存储卡空间

Q：对于数码单反相机而言，是不是像素量越高画质就越好？

A：很多摄影爱好者喜欢将相机的像素量与成像质量联系在一起，认为像素量越高则画质就越好，而实际情况可能正好相反。更准确地说，就是在数码相机感光元件面积确定的情况下，当相机的像素量达到一定数值后，像素量越高，则成像质量可能会越差。

究其原因，就要引出一个像素密度的概念。简单来说，像素密度即指在相同大小感光元件上的像素数量，像素数量越多，则像素密度就越大。直观理解就是可将感光元件分割为更多的块，每一块代表一个像素，随着像素数量的继续增加，则感光元件被分割为越来越小的块，当这些块小到一定程度后，可能会导致通过镜头投射到感光元件上的光线变少，并产生衍射等现象，最终导致画面质量下降。

因此，对于数码单反相机而言，尤其是 DX 画幅的数码单反相机，不能一味地追求超高像素量。

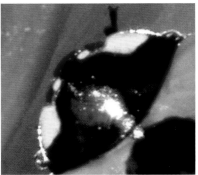

◀ Nikon D5500 是 DX 画幅相机，而且像素量并不是十分高，因此当以最大尺寸拍摄照片时，能够使照片呈现出很好的细节。照片中瓢虫的头部，即使放大观察时，也有很不错的细节

格式化存储卡删除全部数据

"格式化存储卡"功能用于删除存储卡中的全部数据。一般在新购买存储卡后，都要对其进行格式化。在格式化之前，务必根据需要进行备份，或确认卡中已不存在有用的数据，以免由于误删而造成难以挽回的损失。

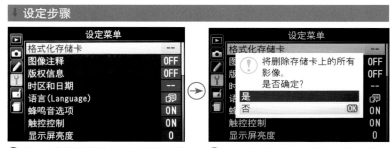

❶ 点击选择**设定**菜单中的**格式化存储卡**选项

❷ 点击选择**是**选项，即可对选定的存储卡进行格式化

 高手点拨：虽然，在互联网上能够找到各类数据恢复软件，如Finaldata、EasyRevovery等，但实际上要恢复被格式化的存储卡中的所有数据，仍然有一定的困难。而且即使有部分数据被恢复出来，也有可能存在文件无法被识别、文件名出现乱码的情况，因此对格式化存储卡操作要特别谨慎，不可抱有侥幸心理。

设置优化校准拍摄个性化照片

简单来说，优化校准就是相机依据不同拍摄题材的特点而进行的一些色彩、锐度及对比度等方面的校正。例如，在拍摄风光题材时，可以选择色彩较为艳丽、锐度和对比度都较高的"风景"优化校准，也可以根据需要手动设置自定义的优化校准，以满足个性化的需求。

设定优化校准

"设定优化校准"菜单用于选择适合拍摄对象或拍摄场景的照片风格，包含"标准""自然""鲜艳""单色""人像""风景"和"平面"7个预设优化校准选项以及9个自定义优化校准选项。

⬇ 设定步骤

① 点击选择**拍摄**菜单中的**设定优化校准**选项

② 选择一个预设的优化校准选项，然后点击确定图标确认；点击调整图标则进入修改界面

③ 在修改界面中，可点击选择要设置的优化校准参数，再次点击以显示选项，然后点击◀或▶方向图标调整参数的具体数值；在选择锐化、清晰度、对比度及饱和度选项时，点击 [Q:A↔T] 图标，可在手动和自动（A）设定之间进行切换

● SD标准：此风格是最常用的照片风格，拍出的照片画面清晰，色彩鲜艳、明快。

● NL自然：进行最低程度的处理以获得自然效果，在照片要进行后期处理或润饰时选用。

● VI鲜艳：进行增强程度的处理以获得鲜艳的画面效果，在强调照片主要色彩时选用。

● MC单色：使用该照片风格可拍摄黑白或单色的照片。

● PT人像：使用该照片风格拍摄人像时，人像的皮肤会显得更加柔和、细腻。

● LS风景：使用该照片风格拍摄风光时，画面中的蓝色和绿色有非常好的表现。

● FL平面：此风格将使照片获得更宽广的色调范围，如果在拍摄后需要对照片进行润饰处理，可以选择此选项。

 高手点拨：从实际运用来看，虽然可以在拍摄人像时选择"人像"风格，在拍摄风光时使用"风景"风格，但其实用性并不高，建议还是以"标准"风格作为常用设置。在拍摄时，如果对某一方面不太满意，如锐度、对比度等，再单独进行调整也为时不晚，甚至连这些调整也可以省掉。因为在数码时代，后期处理技术可以帮助我们实现太多的效果，而且可编辑性非常高，没必要为了一些细微的变化，冒着可能出现问题的风险在相机中进行这些设置。

● 快速调整：按下▶或◀方向键可以同时调整下面的"锐化""清晰度""对比度""亮度""饱和度"及"色相"6个参数。不过该选项不适用于自然、单色、平面或自定义优化校准。

● 锐化：用于控制图像的锐度。向0端靠近则降低锐度，图像变得越来越模糊；向9端靠近则提高锐度，图像变得越来越清晰、锐利。

▲ 调整锐化前（+0）后（+2）的效果对比

● 清晰度：控制图像的清晰度。向■端靠近则降低清晰度，图像变得越来越模糊；向✚端靠近则提高清晰度，图像变得越来越清晰，其调整范围为－5~+5。

● 对比度：用于控制图像的反差及色彩的鲜艳程度。向■端靠近则降低反差，图像变得越来越柔和；向✚端靠近则提高反差，图像变得越来越明快。其调整范围为－3~+3。

▲ 调整对比度前（+0）后（+2）的效果对比

● 亮度：在不影响照片曝光的前提下，用于改变画面的亮度。调整方法与"对比度"相同。

▲ 调整亮度前（+0）后（+1）的效果对比

● 饱和度：控制色彩的鲜艳程度。向▬端靠近则降低饱和度，色彩变得越来越淡；向➕端靠近则提高饱和度，色彩变得越来越艳。

▲ 调整饱和度前（+0）后（+3）的效果对比

● 色相 ：用于控制画面色调的偏向。向▬端靠近则红色偏紫、蓝色偏绿、绿色偏黄；向➕端靠近则红色偏橙、绿色偏蓝、蓝色偏紫。

▲ 调整色相前（+0）后（+2）的效果对比

利用优化校准直接拍出单色照片

如果选用"单色"优化校准选项，还可以选择不同的滤镜及调色效果，从而拍摄出更有特色的黑白或单色照片。在"滤镜效果"选项中，可选择OFF（无）、Y（黄）、O（橙）、R（红）或G（绿）等色彩，从而在拍摄过程中，针对这些色彩进行过滤，得到更亮的灰色甚至白色。

● OFF（无）：没有滤镜效果的原始黑白画面。

● Y（黄）：可使蓝天更自然，白云更清晰。

● O（橙）：可稍压暗蓝天，使夕阳的效果更强烈。

● R（红）：可使蓝天更加暗，落叶的颜色更鲜亮。

● G（绿）：可将肤色和嘴唇的颜色表现得更好，使树叶的颜色更加鲜亮。

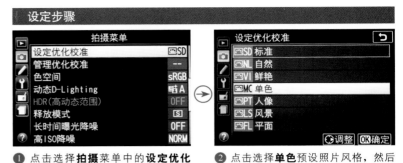

❶ 点击选择**拍摄**菜单中的**设定优化校准**选项

❷ 点击选择**单色**预设照片风格，然后点击调整图标

❸ 在**滤镜效果**选项中，可点击选择不同色彩的滤镜效果

❹ 在**调色**选项中，可点击选择不同的单色调效果

▲ 选择"标准"优化校准时拍摄的照片

▲ 选择"单色"优化校准时拍摄的照片

▲ 设置"滤镜效果"为"绿"时拍摄的照片

在"调色"选项下，可以选择无、褐、蓝、紫、绿等多种单色调效果。

▲ 选择褐色、蓝色以及紫色时得到的单色照片效果

管理优化校准

"管理优化校准"菜单用于修改并保存相机提供的优化校准，也可以为新的优化校准命名，此菜单包含"保存 / 编辑""重新命名""删除""载入 / 保存"4 个选项。

保存 / 编辑优化校准

当经常要使用自定义的优化校准时，可以将其参数编辑好，然后保存为一个新的优化校准项目，以便以后调用。

设定步骤

❶ 点击选择**拍摄**菜单中的**管理优化校准**选项

❷ 在子菜单中点击选择**保存 / 编辑**选项

❸ 点击选择一个已有的优化校准作为保存 / 编辑的基础，然后点击调整图标

❹ 点击选择不同的参数并可根据需要修改设置

❺ 点击选择一个保存新优化校准预设的位置

❻ 点击选择所需字符输入好名称，然后点击确定图标完成保存操作

重命名优化校准

通过重命名优化校准操作可以使优化校准选项的名称更有辨识性，但此操作只对自定义的优化校准预设有效，而对相机内置的优化校准预设无效。

设定步骤

❶ 在**管理优化校准**菜单中点击选择**重新命名**选项

❷ 点击选择一个要重命名自定义的优化校准预设

❸ 点击选择所需字符输入好名称，然后点击确定图标完成保存操作

删除

删除后的优化校准预设无法再恢复回来，因此在删除前一定要确认。

❶ 在**管理优化校准**菜单中点击选择**删除**选项

❷ 点击选择要删除的优化校准

❸ 点击**是**选项即可

载入 / 保存优化校准

通过载入 / 保存优化校准，可以向相机中输入或将已有的优化校准预设输出到存储卡中。

❶ 在**管理优化校准**菜单中点击选择**载入 / 保存**选项

❷ 根据需要选择不同的选项。此处以选择**复制到存储卡**选项为例

❸ 点击选择要复制到存储卡的优化校准

❹ 点击选择要保存优化校准的位置

● 复制到照相机：选择此选项，可将存储卡中的优化校准载入到相机中。

● 从存储卡中删除：选择此选项，可删除存储卡中保存的优化校准预设。

● 复制到存储卡：选择此选项，可以将相机中自定义的优化校准预设保存到存储卡中。

随拍随赏——拍摄后查看照片

回放照片基本操作

在回放照片时，我们可以进行放大、缩小、显示信息、前翻、后翻以及删除照片等多种操作，下面就通过一个图示来说明回放照片的基本操作方法。

播放按钮

多重选择器

删除按钮

放大按钮

索引按钮

Q：出现"无法回放图像"提示怎么办？

A：在相机中回放图像时，如果出现"无法回放图像"提示，可能有以下几个原因。

● 正在尝试回放的不是使用 Nikon D5500 相机拍摄的图像。

● 存储卡中的图像已导入过计算机，并进行旋转或编辑后再存回了存储卡。

● 存储卡出现故障。

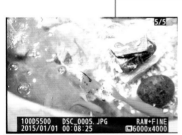

❶ 文件信息

❷ 无（仅图像）

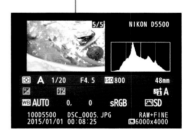

❸ 概览

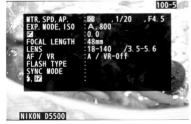

❹ 拍摄数据

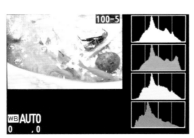

❺ RGB 直方图

❻ 加亮显示

在播放照片时，按下◀或▶方向键可显示其他照片，按下▼或▲方向键可以依次按上面的状态显示照片。

设置图像查看控制拍摄后是否显示照片

在拍摄环境变化不大的情况下，我们只是在刚开始做一些简单的参数调试并拍摄样片时，需要反复地查看拍摄得到的照片是否满意，而一旦确认了曝光、对焦方式等参数后，则不必每次拍摄后都显示并查看照片，此时，就可以通过"图像查看"菜单来控制是否在每次拍摄后都查看照片。

❶ 点击选择**播放**菜单中的**图像查看**选项

❷ 点击选择**开启**或**关闭**选项

● 开启：选择此选项，可在拍摄后查看照片，直至显示屏自动关闭或执行半按快门按钮等操作为止。

● 关闭：选择此选项，则只在按下播放按钮▶时才显示照片。

设置播放显示选项控制显示信息

在回放照片时会显示一些相关的参数，以方便我们了解照片的具体信息，例如，在默认情况下会显示亮度直方图以辅助判断照片的曝光是否准确。此外，还可以根据需要设置回放照片时是否显示对焦点、高光警告以及 RGB 直方图等，这些信息对于判断照片是否在预定位置合焦、是否过曝至关重要。选中各个选项后，照片在预览时的显示效果，可参见第 37 页。

❶ 点击选择**播放**菜单中的**播放显示选项**选项

❷ 点击加亮显示一个选项，然后点击选择图标，✔将出现在所选项目旁

❸ 选择完要显示的项目后，点击 OK 图标确定

● 无（仅影像）：选择此选项，则在播放照片时将隐藏其他内容，而仅显示当前的图像。

● 加亮显示：选择此选项，可以帮助用户发现所拍图像中曝光过度的区域，如果想要表现曝光过度区域的细节，就需要适当减少曝光量。

● RGB 直方图：选择此选项，在播放照片时可查看 RGB 直方图，从而更好地控制画面的曝光及色彩。

● 拍摄数据：选择此选项，可显示主要拍摄数据。

● 概览：选择此选项，在播放照片时，将能查看到这幅照片的详细拍摄参数。

▲ 没有选中"加亮显示"选项拍出的画面效果『焦距：70mm ┆ 光圈：F14 ┆ 快门速度：1/25s ┆ 感光度：ISO100』

▲ 选中"加亮显示"选项后，高光区域被标黑的画面效果，黑色部分会以黑色和白色交替出现的形式闪烁

 高手点拨：选中"加亮显示"选项可帮助摄影师了解画面中是否有曝光过度的区域。如上图所示，相机会在显示屏上把曝光过度的区域标记为黑色，摄影师可以通过调整曝光参数缩小这样的区域，或彻底使其成为曝光正常的画面。

设置播放文件夹控制照片播放范围

在播放照片时，可以根据需要选择要播放照片的文件夹。

● D5500：选择此选项，将显示使用 D5500 所创建的所有文件夹中的照片。

● 当前：选择此选项，将播放当前文件夹中的照片。

● 全部：选择此选项，将播放所有文件夹中的照片。

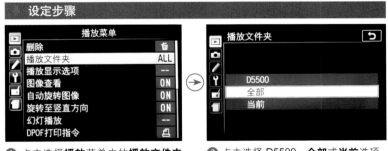

设定步骤

❶ 点击选择**播放菜单**中的**播放文件夹**选项

❷ 点击选择 D5500、**全部**或**当前**选项

旋转至竖直方向以方便查看照片

"旋转至竖直方向"菜单用于控制在播放照片时是否旋转竖拍照片，以便更加方便地查看照片。该菜单包含"开启"和"关闭"两个选项，选择"开启"选项后，在显示屏中显示照片时，竖拍照片将被自动旋转为竖直方向显示；选择"关闭"选项后，竖拍照片将以横向方向显示。

设定步骤

❶ 点击选择**播放**菜单中的**旋转至竖直方向**选项

❷ 点击选择**开启**或**关闭**选项

▲ 开启"旋转至竖直方向"功能时，竖拍照片的显示状态

▲ 关闭"旋转至竖直方向"功能时，竖拍照片的显示状态

高手点拨：在开启"旋转至竖直方向"功能时，需要在"设定"菜单中将"自动旋转图像"也设置为"启用"，否则在浏览时竖拍照片也不会被自动旋转为竖直方向显示。虽然，在此功能处于开启状态下预览照片时，无需旋转相机即可查看竖画幅照片，但由于竖画幅照片会被压缩显示，因此，如果要查看照片的细节，这种显示方式并不可取。

◀ 开启"旋转至竖直方向"功能后查看竖画幅照片将更方便、更直观『焦距：90mm ┊光圈：F3.2 ┊快门速度：1/400s ┊感光度：ISO100』

清空存储卡或删除多余照片

当希望释放存储卡空间或删除多余照片时，可以利用"删除"菜单删除一张、多张、某个文件夹中甚至整个存储卡中的照片。

设定步骤

❶ 在**播放**菜单中点击选择**删除**选项

❷ 点击选择**所选图像**选项，可以手动选择要删除的图像

❸ 点击选择要删除的照片

❹ 点击🔍✕设定图标设定要删除的照片，此时在其右上角会出现删除图标🗑，然后点击 OK 图标确定

❺ 点击选择**是**选项，即可删除选中的图像

❻ 如果在步骤❷中选择**选择日期**选项，即可进入拍摄日期选择界面

❼ 点击选择要删除的拍摄日期选项，点击🔘选择图标，所选项目旁将出现✔，点击 OK 图标并在出现的提示对话框中点击选择**是**选项即可

❽ 如果在步骤❷中点击选择**全部**选项，将删除存储卡上所有的照片

❾ 点击选择**是**选项，即可删除存储卡中的所有照片

 高手点拨：从操作的难易程度来看，如果要大量删除照片，还是在电脑上操作更为方便。

● 所选图像：选择此选项，可以选中单张或多张照片进行删除。

● 选择日期：选择此选项，可以删除在选定日期拍摄的所有照片。

● 全部：选择此选项，可以删除存储卡中的所有照片。

『焦距：146mm ┊光圈：F5.6 ┊快门速度：1/200s ┊感光度：ISO640』

Chapter **03**

必须掌握的基本曝光与对焦设置

设置光圈控制曝光与景深

光圈的结构

光圈是相机镜头内部的一个组件，它由许多片金属薄片组成，金属薄片可以活动，通过改变它的开启程度可以控制进入镜头光线的多少。

光圈开启越大，通过镜头到达相机感光元件的光线就越多；光圈开启越小，通过镜头到达相机感光元件的光线就越少。

 高手点拨：虽然光圈数值是在相机上设置的，但其可调整的范围却是由镜头决定的，即镜头支持的最大及最小光圈，就是在相机上可以设置的光圈的上限和下限。镜头支持的光圈越大，则在同一时间内就可以纳入更多的光线，从而允许我们在更暗的光线环境中进行拍摄——当然，光圈越大的镜头，其价格也越贵。另外，对大多数镜头来说，当光圈缩小至F16以后，就容易导致画质出现较明显的下降，因此在拍摄时应尽量少用。

▲ 从镜头的底部可以看到镜头内部的光圈金属薄片

▲ 尼康 AF-S 85mm F1.4 G IF N

▲ 尼康 AF-S 24-70mm F2.8 G ED N

▲ 尼康 AF-S 24-120mm F4 G

▲ 尼康 AF-S 28-300mm F3.5-5.6 G ED VR

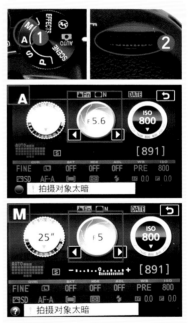

▶ 操作方法

在选择光圈优先模式时，可以转动指令拨盘调整光圈值；在选择全手动模式时，可以按下 ☒ (⬤) 按钮并转动指令拨盘调整光圈值。

在上面展示的 4 款镜头中，尼康 AF-S 85mm F1.4 G IF N 是定焦镜头，其最大光圈为 F1.4；尼康 AF-S 24-70mm F2.8 G ED N、尼康 AF-S 24-120mm F4 G 为恒定光圈的变焦镜头，无论使用哪一个焦距段进行拍摄，其最大光圈都只能够分别达到 F2.8 及 F4；尼康 AF-S 28-300mm F3.5-5.6 G ED VR 是浮动光圈的变焦镜头，当使用镜头的广角端（28mm）拍摄时，最大光圈可以达到 F3.5，而当使用镜头的长焦端（300mm）拍摄时，其最大光圈只能够达到 F5.6。

同样，上述 4 款镜头也均有最小光圈值，例如，尼康 AF-S 24-120mm F4 G 的最小光圈为 F22，尼康 AF-S 28-300mm F3.5-5.6 G ED VR 的最小光圈同样是一个浮动范围（F22~F38）。

光圈值的表现形式

光圈值用字母 F 或 f 表示，如 F8、f8（或 F/8、f/8）。常见的光圈值有 F1.4、F2、F2.8、F4、F5.6、F8、F11、F16、F22、F32、F36 等，光圈每递进一挡，光圈口径就不断缩小，通光量也逐挡减半。例如，F5.6 光圈的进光量是 F8 的两倍。

当前我们所见到的光圈数值还包括 F1.2、F2.2、F2.5、F6.3 等，这些数值不包含在光圈正级数之内，这是因为各镜头厂商都在每级光圈之间插入了以 1/2 倍（F1.2、F1.8、F2.5、F3.5 等）和 1/3 倍（F1.1、F1.2、F1.6、F1.8、F2.2、F2.5、F3.2、F3.5、F4.5、F5.0、F6.3、F7.1 等）变化的副级数光圈，以更加精确地控制曝光程度，使画面的曝光更加准确。

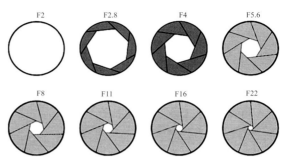

▲ 不同光圈值下镜头通光口径的变化

光圈级数刻度图

（上排为光圈正级数）

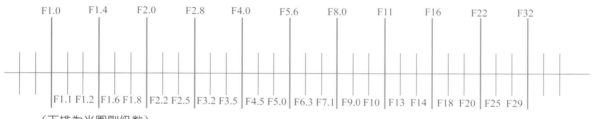

（下排为光圈副级数）

光圈对成像质量的影响

通常情况下，摄影师都会选择比镜头最大光圈稍小 1～2 挡的中等光圈进行拍摄，因为大多数镜头在中等光圈下的成像质量是最优秀的，照片的色彩和层次都有更好的表现。例如，一支最大光圈为 F2.8 的镜头，其最佳成像质量光圈在 F5.6 至 F8 之间。另外，不能使用过小的光圈，因为过小的光圈会使光线在镜头中产生衍射效应，导致画面质量下降。

Nikon D5500

Q：什么是衍射效应？

A：衍射是指当光线穿过镜头光圈时所产生的传播方向弯曲的现象，光线通过的孔隙越小，光的波长越长，这种现象就越明显。因此，拍摄时将光圈收得越小，在被记录的光线中衍射光所占的比例就越大，画面的细节损失就越严重，画面就越不清楚。衍射效应对 DX 画幅数码相机和全画幅数码相机的影响程度稍有不同，通常 Nikon D5500 等 DX 画幅数码相机在光圈收小到 F11 时，就会发现衍射对画质产生了影响；而全画幅数码相机在光圈收小到 F16 时，才能够看到衍射对画质产生了影响。

光圈对曝光的影响

如前所述，在其他参数不变的情况下，光圈增大一挡，则曝光量提高一倍，例如光圈从 F4 增大至 F2.8，即可增加一倍的曝光量；反之，光圈减小一挡，则曝光量也随之降低一半。换言之，光圈开启越大，则通光量越多，所拍摄出来的照片也越明亮；光圈开启越小，则通光量越少，所拍摄出来的照片也越暗淡。

下面是一组在焦距为 100mm、快门速度为 1/25s、感光度为 ISO250 的特定参数下，只改变光圈值拍摄的照片。

▲ 光圈：F10

▲ 光圈：F9

▲ 光圈：F8

▲ 光圈：F7.1

▲ 光圈：F6.3

▲ 光圈：F5.6

▲ 光圈：F5

▲ 光圈：F4.5

▲ 光圈：F4

▲ 光圈：F3.5

▲ 光圈：F3.2

▲ 光圈：F2.8

通过这一组照片可以看出，在其他曝光参数不变的情况下，随着光圈逐渐变大，由于进入镜头的光线不断增多，因此所拍摄出来的画面也逐渐变亮。另外，由于光圈不断变大，位于对焦点前方的两个玩偶也变得越来越模糊。

理解景深

简单来说，景深即指对焦位置前后的清晰范围。清晰范围越大，即表示景深越大；反之，清晰范围越小，即表示景深越小，画面的虚化效果就越好。

景深的大小与光圈、焦距及拍摄距离这3个要素密切相关。当拍摄者与被摄对象之间的距离非常近，或者使用长焦距或大光圈拍摄时，都能得到很强烈的背景虚化效果；反之，当拍摄者与被摄对象之间的距离较远，或者使用小光圈或较短焦距拍摄时，画面的虚化效果就会较差。

另外，被摄对象与背景之间的距离也是影响背景虚化的重要因素。例如，当被摄对象距离背景较近时，使用F1.4的大光圈也不能得到很好的背景虚化效果；但当被摄对象距离背景较远时，即使使用F8的光圈，也能获得较强烈的虚化效果。

Q：景深与对焦点的位置有什么关系？

A：景深是指照片中某个景物的清晰范围。即当摄影师将镜头对焦于景物中的某个点并拍摄后，在照片中与该点处于同一水平面的景物都是清晰的，而位于该点前方和后方的景物则由于都没有对焦，因此都是模糊的。但由于人眼不能精确地辨别焦点前方和后方出现的轻微模糊，因此这部分图像看上去仍然是清晰的，这种清晰的景物会一直在照片中向前、向后延伸，直至景物看上去变得模糊而不可接受，而这个可接受的清晰范围，就是景深。

Q：什么是焦平面？

A：如前所述，当摄影师将镜头对焦于某个点拍摄时，在照片中与该点处于同一平面的景物都是清晰的，而位于该点前方和后方的景物则都是模糊的，这个平面就是成像焦平面。如果相机的位置不变，当被摄对象在可视区域内向焦平面水平运动时，成像始终是清晰的；但如果其向前或向后移动，则由于脱离了成像焦平面，因此会出现一定程度的模糊，模糊的程度与距焦平面的距离成正比。

▲ 对焦点在中间的财神爷玩偶上，但由于另外两个玩偶与其在同一个焦平面上，因此三个玩偶均是清晰的

▲ 对焦点仍然在中间的财神爷玩偶上，但由于另外两个玩偶与其不在同一个焦平面上，且拍摄时使用的光圈较大，因此另外两个玩偶均是模糊的

光圈对景深的影响

光圈是控制景深（背景虚化程度）的重要因素。即在光圈越大的情况下，则景深越小；反之，光圈越小，则景深越大。在拍摄时想通过控制景深来使自己的作品更有艺术效果，就要合理使用大光圈和小光圈。

通过调整光圈数值的大小，即可拍摄不同的对象或表现不同的主题。例如，大光圈主要用于人像摄影、微距摄影，通过模糊背景来有效地突出主体；

小光圈主要用于风景摄影、建筑摄影、纪实摄影等，大景深让画面中的所有景物都能清晰呈现。

下面是一组在焦距为 100mm、感光度为 ISO100 的特定参数下，只改变光圈值和快门速度值拍摄的花卉照片，通过对比可以加深理解不同光圈对画面景深的影响。

▲ 光圈：F18，快门速度：1/250s

▲ 光圈：F9，快门速度：1/400s

▲ 光圈：F4，快门速度：1/640s

从这一组照片中可以看出，当光圈从 F18 逐渐增大到 F4 时，画面的景深逐渐变小，使用的光圈越大，所拍出画面背景处的花朵就越模糊。

焦距对景深的影响

当其他条件相同时，焦距越长，则画面的景深越浅，即可以得到更明显的虚化效果；反之，焦距越短，则画面的景深越大，越容易呈现前后景都清晰的画面效果。

下面是一组在光圈为 F2.8、快门速度为 1/640s、感光度为 ISO100 的特定参数下，只改变镜头焦距拍摄的照片。

▲ 焦距：70mm

▲ 焦距：140mm

▲ 焦距：180mm

从这组照片中可以看出，当焦距由 70mm 变化到 180mm 时，主体花朵也逐渐变大，同时画面的景深也逐渐变小，背景虚化效果就越好。

拍摄距离对景深的影响

　　在其他条件不变的情况下，相机与被摄对象之间的距离越近，则越容易得到浅景深的虚化效果；反之，如果相机与被摄对象之间的距离较远，则不容易得到虚化效果。

　　这点在使用微距镜头拍摄时体现得更为明显，当离被摄体很近的时候，画面中的清晰范围就变得非常小。因此，在人像摄影中，为了获得较小的景深，经常采取靠近被摄者拍摄的方法。

　　下面为一组在其他拍摄参数都不变的情况下，只改变镜头与被摄对象之间距离时拍摄的照片。

▲ 镜头距离蜻蜓 100cm

▲ 镜头距离蜻蜓 80cm

▲ 镜头距离蜻蜓 70cm

▲ 镜头距离蜻蜓 40cm

　　通过左侧展示的一组照片可以看出，当镜头距离前景位置的蜻蜓越远时，其背景的模糊效果就越差；反之，镜头越靠近蜻蜓，则拍摄出来画面的背景虚化效果就越好。

背景与被摄对象的距离对景深的影响

　　在其他条件不变的情况下，画面中的背景与被摄对象的距离越远，则越容易得到浅景深的虚化效果；反之，如果画面中的背景与被摄对象位于同一个焦平面上，或者非常靠近，则不容易得到虚化效果。

▲ 玩偶距离背景 20cm

▲ 玩偶距离背景 10cm

▲ 玩偶距离背景 5cm

▲ 玩偶距离背景 0cm

　　左图所示为在其他拍摄参数不变的情况下，只改变被摄对象距离背景的远近拍出的照片。

　　通过左侧展示的一组照片可以看出，在镜头位置不变的情况下，随着唐僧玩偶距离背景越来越近，画面背景的虚化效果也越来越差。

设置快门速度控制曝光时间

快门与快门速度的含义

简单来说，快门的作用就是控制曝光时间的长短。在按下快门按钮时，从快门前帘开始移动到后帘结束所用的时间就是快门速度，这段时间实际上也就是相机感光元件的曝光时间。

所以快门速度决定曝光时间的长短，快门速度越快，则曝光时间越短，曝光量就越小；快门速度越慢，则曝光时间越长，曝光量就越大。

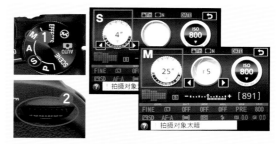

▶ 操作方法
选择快门优先模式或全手动曝光模式时，可以转动指令拨盘调节快门速度。

快门速度的表示方法

快门速度以秒为单位，入门级及中端数码单反相机的快门速度通常在 1/4000s 至 30s 之间，而专业或准专业级数码相机的最高快门速度可达到 1/8000s，可以满足更多题材和场景的拍摄要求。Nikon D5500 作为一款入门级 DX 画幅相机，其最高快门速度为 1/4000s。

常用的快门速度有 30s、15s、8s、4s、2s、1s、1/2s、1/4s、1/8s、1/15s、1/30s、1/60s、1/125s、1/250s、1/500s、1/1000s、1/2000s、1/4000s 等。

利用高速快门拍摄两只水鸟争斗的场面，主体被清晰地呈现出来『焦距：400mm │光圈：F6.3 │快门速度：1/1250s │感光度：ISO200』

快门速度对曝光的影响

如前面所述，快门速度的快慢决定了曝光量的多少，在其他条件不变的情况下，每一倍的快门速度变化，即代表了一倍曝光量的变化。例如，当快门速度由 1/125s 变为 1/60s 时，由于快门速度慢了一倍，曝光时间增加了一倍，因此总的曝光量也随之增加了一倍。从下面展示的一组照片中可以发现，在光圈与 ISO 感光度数值不变的情况下，快门速度越慢，则曝光时间越长，画面感光就越充分，所以画面也越亮。

下面是一组在焦距为 100mm、光圈为 F5.6、感光度为 ISO200 的特定参数下，只改变快门速度拍摄的照片。

▲ 快门速度：1/13s

▲ 快门速度：1/10s

▲ 快门速度：1/8s

▲ 快门速度：1/6s

▲ 快门速度：1/5s

▲ 快门速度：1/4s

▲ 快门速度：1/3s

▲ 快门速度：1/2s

通过这一组照片可以看出，在其他拍摄参数不变的情况下，随着快门速度逐渐变低，进入镜头的光线不断增多，因此所拍摄出来的画面也逐渐变亮。

影响快门速度的三大要素

影响快门速度的要素包括光圈、感光度及曝光补偿，它们对快门速度的影响如下。

● 感光度：感光度每增加一倍（例如从 ISO100 增加到 ISO200），感光元件对光线的敏锐度会随之增加一倍，同时，快门速度会随之提高一倍。

● 光圈：光圈每提高 1 挡（例如从 F4 增加到 F2.8），快门速度可以提高一倍。

● 曝光补偿：曝光补偿数值每增加 1 挡，由于需要更长时间的曝光来提亮照片，因此快门速度将降低一半；反之，曝光补偿数值每降低 1 挡，由于照片不需要更多的曝光，因此快门速度可以提高一倍。

依据对象的运动情况设置快门速度

在设置快门速度时，应综合考虑被摄对象的运动速度、运动方向以及摄影师与被摄对象之间的距离这3个基本要素。

被摄对象的运动速度

在拍摄运动对象时，照片的表现形式不同，所需要使用的快门速度也不尽相同。例如抓拍物体运动的瞬间，需要较高的快门速度；而如果是跟踪拍摄，对快门速度的要求就比较低了。

▲ 母鸭带着几只雏鸭在水面上游泳的速度比较慢，因此无需使用太高的快门速度『焦距：200mm ┊光圈：F5.6 ┊快门速度：1/400s ┊感光度：ISO100』

◀ 使用1/1250s的快门速度可以将水花的形态、人物细微的表情都清晰地表现出来『焦距：85mm ┊光圈：F1.2 ┊快门速度：1/1250s ┊感光度：ISO100』

被摄对象的运动方向

如果从运动对象的正面拍摄（通常是角度较小的斜侧面），主要记录的是被摄对象从小变大或相反的运动过程，其速度通常要低于从侧面拍摄；只有从侧面拍摄才会感受到被摄对象真正的速度，拍摄时需要的快门速度也就更高。

▲ 从侧面拍摄运动对象以表现其速度时，除了使用"陷阱对焦"方法外，通常都需要采用跟踪拍摄法进行拍摄『焦距：94mm ┊光圈：F14 ┊快门速度：1/100s ┊感光度：ISO100』

▲ 从正面或斜侧面拍摄运动对象时，速度感不强『焦距：200mm ┊光圈：F4 ┊快门速度：1/1600s ┊感光度：ISO100』

与被摄对象之间的距离

无论是亲身靠近运动对象或是使用长焦镜头，离运动对象越近，其运动速度就相对越快，此时需要不停地移动相机。略有不同的是，如果是靠近运动对象，则需要较大幅度地移动相机；而如果使用长焦镜头的话，只要小幅度地移动相机，就能够保证被摄对象一直处于画面之中。

从另一个角度来说，如果将视角变得更广阔一些，就不用为了将运动对象融入画面中而费力地紧跟被摄对象了，比如使用广角镜头拍摄时，就更容易抓拍到被摄对象运动的瞬间。

▲ 使用广角镜头拍摄的现场全景『焦距：18mm ┊光圈：F11 ┊快门速度：1/400s ┊感光度：ISO640』

▲ 在较远的位置使用长焦镜头拍摄，可轻松、清晰地将被摄主体记录下来『焦距：200mm ┊光圈：F5.6 ┊快门速度：1/8000s ┊感光度：ISO1000』

常见拍摄对象的快门速度参考值

以下是一些常见拍摄对象所需快门速度的参考值，虽然受拍摄时光线强弱、所使用感光度数值高低等因素的影响，实际使用时快门速度值会有所变化，但下表仍然能够帮助摄影爱好者了解拍摄不同对象时，大体应该在什么范围内调整快门速度。

快门速度（秒）	适用范围
B 门	适合拍摄夜景、闪电、车流等。其优点是用户可以自行控制曝光时间，缺点是如果不知道当前场景需要多长时间才能正常曝光时，容易出现曝光过度或不足的情况，此时需要用户多做尝试，直至得到满意的效果
1~30	在拍摄夕阳或者在日落后或天空仅有少量微光的日出前后拍摄时，都可以使用光圈优先模式或全手动模式进行拍摄，很多优秀的夕阳作品都诞生于这个曝光区间。使用1~5s之间的快门速度，也能够将瀑布或溪流拍摄出如同棉絮一般的梦幻效果
1 和 1/2	适合在昏暗的光线下，使用较小的光圈获得足够大的景深，通常用于拍摄稳定的对象，如建筑、城市夜景等
1/15~1/4	1/4s的快门速度可以作为拍摄成人夜景人像时的最低快门速度。该快门速度区间也适合拍摄一些光线较强的夜景，如明亮的步行街和光线较好的室内
1/30	在使用标准镜头或广角镜头拍摄时，该快门速度可以视为最慢的快门速度，但在使用标准镜头时，对手持相机的平稳性有较高的要求
1/60	对于标准镜头而言，该快门速度可以满足绝大多数场合的拍摄需求
1/125	这一挡快门速度非常适合在户外阳光明媚时使用，同时也能够拍摄运动幅度较小的物体，如走动中的人
1/250	适合拍摄中等运动速度的对象，如游泳运动员、跑步中的人或棒球比赛等
1/500	该快门速度已经可以抓拍一些运动速度较快的对象，如行驶的汽车、奔跑中的马等
1/1000~1/4000	该快门速度区间已经可以拍摄一些极速运动的对象，如赛车、飞机、足球比赛、飞鸟以及瀑布飞溅出的水花等

安全快门速度

简单来说，安全快门是人在手持拍摄时能保证画面清晰的最低快门速度，这是因为人在手持相机拍摄时，即使被摄对象待在原处纹丝未动，也会因为拍摄者本身轻微的抖动而导致画面模糊。这个快门速度与镜头的焦距有很大关系，即手持相机拍摄时，快门速度应不低于焦距的倒数。

对于全画幅数码相机而言，如果拍摄时所使用的焦距为 200mm，那么快门速度应不低于 1/200s；但对于 Nikon D5500 等 DX 画幅相机而言，在换算安全快门速度时，还要考虑焦距转换系数（尼康数码相机的焦距转换系数为 1.5），因此其安全快门速度应该是 1/300s。

▼ 拍摄凝望的小猫，由于光线较弱，拍摄时没有达到安全快门速度，所以拍摄出来的小猫是模糊的

▲ 拍摄时提高了感光度数值，因此能够使用更高的快门速度，从而确保拍摄出来的照片很清晰『焦距：135mm ┊光圈：F5 ┊快门速度：1/400s ┊感光度：ISO640』

如果只是查看缩略图，两张照片之间几乎没有什么区别，但放大后查看照片的细节可以发现，当快门速度高于安全快门时，即使在相同的弱光条件下手持拍摄，也可将暂时处于静止状态的小猫拍得很清晰。

防抖技术对快门速度的影响

尼康的防抖系统简写为 VR，目前最新的防抖技术可保证即使使用低于安全快门 4 倍的快门速度拍摄时，也能获得清晰的照片。但要注意的是，防抖系统只是一种校正功能，在使用时还要注意以下几点。

● 防抖系统成功校正抖动是有一定概率的，这与个人的手持能力有很大关系，通常情况下，使用低于安全快门 2 倍以内的快门速度拍摄时，成功校正的概率会比较高。

● 当快门速度高于安全快门 1 倍以上时，建议关闭防抖系统，否则防抖系统的校正功能可能会影响原本清晰的画面，导致画质下降。

● 如果使用三脚架保持相机的稳定，建议关闭防抖系统。因为在使用三脚架时，不存在手抖的问题，而开启防抖功能后，其微小的震动反而会造成图像质量下降。值得一提的是，很多防抖镜头同时还带有三脚架检测功能，即它可以检测到三脚架细微的震动造成的抖动并进行补偿，因此，在使用这种镜头拍摄时，则不需要关闭防抖功能。

Q：VR 功能是否能够代替较高的快门速度？

A：虽然在弱光条件下拍摄时，具有 VR 功能的镜头允许摄影师使用更低的快门速度，但实际上 VR 功能并不能代替较高的快门速度。要想获得高清晰度的照片，仍然需要用较高的快门速度来捕捉瞬间的动作。不管 VR 防抖功能多么强大，使用较高的快门速度才能够清晰地捕捉到快速移动的被摄对象，这一条是不会改变的。

▲ 有 VR 防抖功能标志的尼康镜头

虽然防抖技术会对照片的画质产生一定的负面影响，但是在光线较弱时，为了得到清晰的画面，它又是必须使用的功能。例如，在拍摄动物时常常会使用 200mm 的长焦镜头，这就要求使用 1/300s 以上的快门速度进行拍摄，光线略有不足就很容易把照片拍虚，这时使用镜头的防抖功能则可以较好地解决此问题。

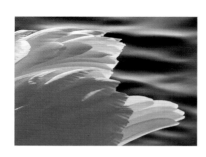

▶ 由于光线较弱，利用长焦镜头拍摄天鹅时，为了得到清晰的画面，开启了镜头的防抖功能，即使放大查看，天鹅的羽毛依然很清晰『焦距：200mm ¦ 光圈：F7.1 ¦ 快门速度：1/640s ¦ 感光度：ISO200』

长时间曝光降噪

曝光时间越长，则产生的噪点就越多，此时，可以启用"长时间曝光降噪"功能来消减画面中产生的噪点。

开启此功能后，相机对快门速度低于1秒时所拍摄的照片进行减少噪点处理，处理所需时间约等于曝光时间。

需要注意的是，在处理过程中，取景器中的 **Job nr** 字样将会闪烁且无法拍摄照片（若处理完毕前关闭相机，则照片会被保存，但相机不会对其进行降噪处理）。

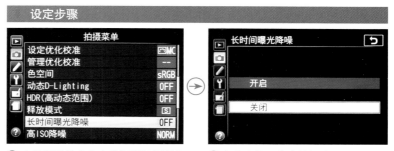

设定步骤

❶ 在**拍摄**菜单中点击选择**长时间曝光降噪**选项

❷ 点击选择**开启**或**关闭**选项

 高手点拨：一般情况下，建议将其设置为"开启"，但是在某些特殊条件下，比如在恶劣的天气拍摄时，电池的电量会消耗得很快，为了保持电池的电量，建议关闭该功能。因为开启此功能后，相机拍摄一张照片要花费的时间更长，因此更耗电。

▲ 通过较长时间曝光拍摄的夜景照片『焦距：24mm ┊ 光圈：F16 ┊ 快门速度：32s ┊ 感光度：ISO100』

▶ 左图是未开启"长时间曝光降噪"功能时拍摄的画面局部，右图是开启了"长时间曝光降噪"功能后拍摄的画面局部，画面中的杂色及噪点都有明显的减少，但同时也损失了一些细节

设置白平衡控制画面色彩

理解白平衡存在的重要性

无论是在室外的阳光下，还是在室内的白炽灯光下，人眼都将白色视为白色，将红色视为红色。我们产生这种感觉是因为人的肉眼能够修正光源变化造成的着色差异。实际上，当光源的色温改变时，这些光的颜色也会发生变化，相机会精确地将这些变化记录在照片中，这样的照片在纠正之前看上去是偏色的。

数码相机具有的"白平衡"功能，就像人眼的功能一样，能够使偏色的照片得到纠正，使照片中景物的色彩与人眼所看到的色彩基本相同。

值得一提的是，在实际应用时，我们也可以尝试使用"错误"的白平衡设置，从而获得特殊的画面色彩。例如，在拍摄夕阳时，如果使用荧光灯或阴影白平衡，则可以得到冷暖对比或带有强烈暖调色彩的画面，这也是白平衡的一种特殊应用方式。

Nikon D5500 相机提供了两类白平衡设置，即预设白平衡及自定义白平衡，下面分别讲解它们的功能。

预设白平衡

Nikon D5500 相机提供了自动AUTO、白炽灯☀、荧光灯☰、晴天☀、闪光灯⚡、阴天☁及背阴☗ 7 种预设白平衡，它们分别针对一些常见的典型环境，通过选择这些预设的白平衡可快速获得需要的设置。

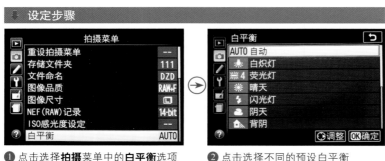

❶ 点击选择**拍摄**菜单中的**白平衡**选项　　❷ 点击选择不同的预设白平衡

▶ 操作方法

按下 _i_ 按钮开启显示屏，点击右下角的 _i_ 图标可在显示屏中修改拍摄参数，点击选择白平衡图标，进入白平衡选项界面，在界面中选择所需白平衡选项。

◀ 对于大部分拍摄题材而言，使用自动白平衡就能正确还原当前场景中的颜色
『焦距：50mm ┊光圈：F16 ┊快门速度：2s ┊感光度：ISO100』

▲ 白炽灯白平衡模式

▲ 荧光灯白平衡模式

▲ 晴天白平衡模式

▲ 闪光灯白平衡模式

▲ 阴天白平衡模式

▲ 背阴白平衡模式

　　使用预设白平衡不仅能够在特殊光线条件下获得准确的色彩还原，还可以制造出特殊的画面效果。例如，使用白炽灯白平衡模式拍摄阳光下的雪景会给人一种冷冷的神秘感；使用背阴白平衡模式拍摄的人像会有一种油画的效果。

▲ 为了渲染出夕阳西下、暖意融融的画面氛围，拍摄时使用了背阴白平衡，从而获得了浓郁的暖色调效果『焦距：200mm┆光圈：F16┆快门速度：1/250s┆感光度：ISO100』

自定义白平衡

通过拍摄的方式自定义白平衡

Nikon D5500 还提供了一个非常方便的、通过拍摄的方式来自定义白平衡的方法，其操作流程如下。

❶ 先将一个中灰色或白色物体放置在与拍摄最终照片相同的光线环境中，并将镜头上的对焦模式切换器拨至M（手动对焦）位置。再按下MENU按钮，在"拍摄"菜单中选择"白平衡"选项，然后选择"手动预设"选项并点击OK图标确定。

❷ 选择"测量"选项，显示屏中将显示如图所示的信息，点击选择"是"选项。

❸ 当相机准备好测量白平衡时，取景器和显示屏中将出现闪烁的 PrE ，在指示停止闪烁之前，将相机对准参照物并使其填满取景器，然后完全按下快门释放按钮拍摄一张照片。

❹ 若相机可以测量白平衡值，显示屏中将出现"已获得数据"提示信息，且在取景器中出现闪烁的GD，表示自定义白平衡已经完成，且已经被应用于相机。

高手点拨：在实际拍摄时灵活运用自定义白平衡功能，可使拍摄效果更好，这要比使用滤色镜获得的效果更自然，操作也更方便。但要注意的是，当曝光不足或曝光过度时，使用自定义白平衡可能无法获得正确的色彩还原。此时显示屏中将出现一条提示信息，取景器中也将显示NO Gd字样，半按快门按钮可返回步骤3并再次测量白平衡。在实际拍摄时，如果使用18%灰卡（市面有售）取代白色物体，可以获得更精确的自定义白平衡。

▼ 对于以拍摄商品为主的静物摄影而言，由于需要如实地反映商品的特征，所以拍出的照片色彩不允许有偏差，而使用自定义白平衡拍摄可以由摄影师自主控制、调整色温，从而使画面中商品的颜色得到准确的还原

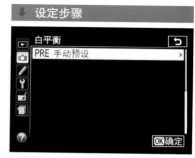

❶ 点击选择 PRE **手动预设**选项，并点击右下角的 OK 图标

❷ 点击选择**是**选项

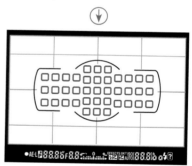

❸ 对白色物体进行拍摄

从照片中复制白平衡

在 Nikon D5500 中，可以将拍摄某一张照片时定义的白平衡复制到当前指定的白平衡预设中，这种功能被称为从照片中复制白平衡。

设定步骤

❶ 在**拍摄**菜单中点击选择**白平衡**选项

❷ 点击 PRE **手动预设**选项

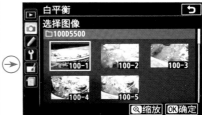

❸ 点击选择**使用照片**选项

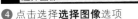

❹ 点击选择**选择图像**选项

❺ 点击选择一个文件夹

❻ 点击选择源图像，点击**缩放**可全屏查看选中的图像，点击 OK 图标即可将所选照片的白平衡设为预设白平衡

▼ 摄影师在拍摄此风光照片之前，对一张类似照片的白平衡进行了复制，最终拍摄出色彩纯正、冷暖对比强烈的画面『焦距：20mm ┆光圈：F10 ┆快门速度：1/20s ┆感光度：ISO100』

设置感光度控制照片品质

理解感光度

数码相机的感光度概念是从传统胶片感光度引入的，用于表示感光元件对光线的感光敏锐程度，即在相同条件下，感光度越高，获得光线的数量也就越多。但要注意的是，感光度越高，产生的噪点就越多，而低感光度画面则清晰、细腻，细节表现较好。

Nikon D5500 作为一款入门级 DX 画幅数码相机，其感光度性能比较优秀。其感光度范围为 ISO100~ISO25600。在光线充足的情况下，一般使用 ISO100 拍摄即可。

▶ 操作方法

按下 *i* 按钮开启显示屏，点击右下角的 *i* 图标进入显示屏设置状态，点击选择感光度图标，即可显示感光度数值，点击▲或▼图标选择所需感光度数值。

ISO 感光度设定

Nikon D5500 提供了很多感光度控制选项，可以在"拍摄"菜单的"ISO 感光度设定"选项中设置 ISO 感光度的数值以及自动 ISO 感光度控制参数。

设置 ISO 感光度的数值

当需要改变 ISO 感光度的数值时，可以在"拍摄"菜单的"ISO 感觉光度设定"选项中进行设置。当然，通常都在显示屏中调整 ISO 感光度的数值（如右上图所示），这样操作起来更方便，同时也更省电。

⬇ 设定步骤

❶ 在**拍摄**菜单中点击选择 ISO **感光度设定**选项

❷ 点击选择 ISO **感光度**选项

❸ 点击选择不同的感光度数值

自动 ISO 感光度控制

当对感光度的设置要求不高时，可以将 ISO 感光度指定为由相机自动控制，即当相机检测到依据当前的光圈与快门速度组合无法满足曝光需求或可能会曝光过度时，就会自动选择一个合适的 ISO 感光度数值，以满足正确曝光的需求。

 高手点拨："自动ISO感光度控制"功能适合在环境光线变化幅度较大的场合使用，例如演唱会、婚礼现场，在这些拍摄场合拍摄时，相机可以快速提高或降低感光度，从而拍出曝光合适的照片。

设定步骤

❶ 在**拍摄**菜单中点击选择 ISO **感光度设定**选项

❷ 点击选择**自动** ISO **感光度控制**选项

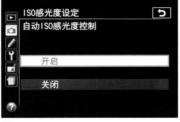 

❸ 点击选择**开启**或**关闭**选项

❹ 开启此功能后，可以对**最大感光度**和**最小快门速度**进行设定

❺ 若在步骤❹中点击**最大感光度**选项，可选择最大感光度数值

❻ 若在步骤❹中点击**最小快门速度**选项，即可选择最小快门速度数值

在"自动 ISO 感光度控制"中选择"开启"时，可以对"最大感光度"和"最小快门速度"两个选项进行设定。

- 最大感光度：选择此选项，可设置允许相机自动设置感光度的最大值。
- 最小快门速度：选择此选项，可以指定一个快门速度的最低数值，即当快门速度低于此数值时，才由相机自动提高感光度数值。

高手点拨：如果是日常拍摄，那么"自动ISO感光度控制"功能还是很实用的；反之，如果希望拍出高质量的照片，则建议关闭此功能，而改为手工控制感光度。

ISO 数值与画质的关系

对于 Nikon D5500 而言，使用 ISO400 以下的感光度拍摄时，均能获得优秀的画质；使用 ISO400~ISO800 之间的感光度拍摄时，其画质比使用低感光度时有所降低，但是依旧可以用良好来形容。

如果从实用角度来看，使用 ISO1600 以下感光度拍摄的照片细节完整、色彩生动，如果不是 100% 查看，和使用较低感光度拍摄的照片并无明显差异。但是对于一些对画质要求较为苛求的用户来说，ISO1600 是 Nikon D5500 能保证较好画质的最高感光度。使用高于 ISO1600 的感光度拍摄时，虽然整个照片依旧没有过多杂色，但是照片细节上的缺失通过大屏幕显示器观看时就能感觉到，所以除非处于极端环境中，否则不推荐使用。

下面是一组在焦距为 100mm、光圈为 F5 的特定参数下，改变感光度拍摄的照片。

▲ 感光度：ISO100，快门速度：1/25s

▲ 感光度：ISO1000，快门速度：1/250s

▲ 感光度：ISO2000，快门速度：1/500s

▲ 感光度：ISO3200，快门速度：1/800s

通过对比图及参数可以看出，在光圈优先模式下，随着感光度的增加，快门速度越来越快，虽然照片的曝光量没有变化，但画面中的噪点却逐渐增多

▲ 感光度：ISO4000，快门速度：1/1000s

感光度对曝光结果的影响

作为控制曝光的三大要素之一，在其他条件不变的情况下，感光度每增加一挡，感光元件对光线的敏锐度会随之增加一倍，即曝光量增加一倍；反之，感光度每减少一挡，曝光量则减少一半。

更直观地说，感光度的变化直接影响光圈或快门速度的设置，以F2.8、1/200s、ISO400的曝光组合为例，在保证被摄体正确曝光的前提下，如果要改变快门速度并使光圈数值保持不变，可以通过提高或降低感光度来实现，快门速度提高一倍（变为1/400s），则可以将感光度提高一倍（变为ISO800）；如果要改变光圈值而保持快门速度不变，同样可以通过设置感光度数值来实现，例如要增加2挡光圈（变为F1.4），则可以将ISO感光度数值降低2倍（变为ISO100）。

下面是一组在焦距为100mm、光圈为F3.5、快门速度为1.6s的特定参数下，只改变感光度拍摄的照片。

▲ 感光度：ISO200

▲ 感光度：ISO800

▲ 感光度：ISO3200

▲ 感光度：ISO6400

▲ 感光度：ISO12800

从上面展示的一组照片中可以看出，随着ISO感光度数值的增加，感光元件的感光敏锐度也不断提高，导致画面越来越亮，但画质也逐渐变差

感光度的设置原则

　　感光度的变化除了对曝光会产生影响外，对画质也有着极大的影响，即感光度越低，画面就越细腻；反之，感光度越高，就越容易产生噪点、杂色，画质就越差。

　　在条件允许的情况下，建议采用 Nikon D5500 基础感光度中的最低值，即 ISO100，这样可以在最大程度上保证得到较高的画质。

　　需要特别指出的是，使用相同的 ISO 感光度分别在光线充足与不足的环境中拍摄时，在光线不足的环境中拍摄的照片会产生较多的噪点，如果此时再使用

较长的曝光时间，那么就更容易产生噪点。因此，在弱光环境中拍摄时，更需要设置低感光度，并配合"高ISO降噪"和"长时间曝光降噪"功能来获得较高的画质。

　　当然，低感光度的设置可能会导致快门速度很低，在手持拍摄时很容易由于手的抖动而导致画面模糊。此时，应该果断地提高感光度，即优先保证能够成功完成拍摄，然后再考虑高感光度给画质带来的损失。因为画质损失可通过后期处理来弥补，而画面模糊则意味着拍摄失败，是无法补救的。

Q：为什么全画幅相机能更好地控制噪点？

　　A：数码单反相机产生噪点的原因非常复杂，但感光元件是其中最重要也是最直接的影响因素，即感光元件中的感光单元之间的距离越近，则电流之间的相互干扰就越严重，进而导致噪点的产生。

　　感光单元之间的距离可以理解为像素密度，即单位感光元件上的像素量。全画幅相机的感光元件比 DX 画幅相机的感光元件更大，在像素量相同或稍高一些的情况下，像素密度更低，因此使用相同的感光度拍摄时，全画幅相机拍出照片的噪点会更少。

▲ 拍摄城市夜景时，配合使用"长时间曝光降噪"功能与三脚架，有利于得到画质细腻的画面效果『焦距：16mm┊光圈：F11┊快门速度：25s┊感光度：ISO100』

高 ISO 降噪

感光度越高，则照片中的噪点也就越多，此时可以启用"高 ISO 降噪"功能来减轻画面中的噪点，但要注意的是，这样会失去一些画面的细节。

在"高 ISO 降噪"菜单中包含"高""标准""低"和"关闭"4 个选项。选择"高""标准""低"时，可以在任何时候减少噪点（不规则间距明亮像素、条纹或雾像），尤其针对使用高 ISO 感光度拍摄的照片更有效；选择"关闭"时，则仅在使用 ISO1600 或以上感光度数值时执行降噪，其降噪量要少于将该选项设为"低"时所执行的降噪量。

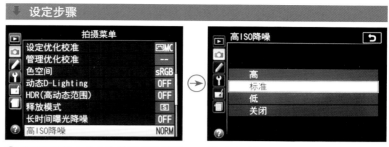

① 在**拍摄**菜单中点击选择**高** ISO **降噪**选项

② 点击选择不同的选项

 高手点拨：对于喜欢采用RAW格式存储照片或者连拍的用户，建议关闭该功能，尤其是将降噪标准设为"高"时，将大大影响相机的连拍速度；对于喜欢直接使用相机打印照片或者采用JPEG格式存储照片的用户，建议选择"标准"或"低"选项；如果拍摄时使用了很高的感光度，画面噪点会比较明显，此时可以选择"高"选项。

▲ 傍晚拍摄夜景时，设置了较高的感光度并开启"高 ISO 降噪"功能，得到了清晰画质『焦距：38mm ┊ 光圈：F9 ┊ 快门速度：3s ┊ 感光度：ISO800』

设置自动对焦模式以准确对焦

对焦是成功拍摄的重要前提之一，准确对焦可以让主体在画面中清晰呈现，反之则容易出现画面模糊的问题，也就是所谓的"失焦"。

Nikon D5500 提供了 AF 自动对焦与 MF 手动对焦两种对焦模式，而 AF 自动对焦又可以分为单次伺服自动对焦（AF-S）、自动伺服自动对焦（AF-A）和连续伺服自动对焦（AF-C），选择合适的对焦方式可以帮助我们顺利地完成对焦工作，下面分别讲解它们的使用方法。

单次伺服自动对焦模式（AF-S）

单次伺服自动对焦模式在合焦（半按快门时对焦成功）之后即停止自动对焦，此时可以保持半按快门的状态重新调整构图，此自动对焦模式常用于拍摄静止的对象。

> **Q：AF（自动对焦）不工作怎么办？**
>
> A：首先要检查镜头上的对焦模式切换器的位置，如果镜头上的对焦模式切换器处于 M 位置，将不能自动对焦，此时将镜头上的对焦模式切换器转至 A 位置即可。另外，还要确保稳妥地安装了镜头，如果没有稳妥地安装镜头，则有可能无法正确对焦。

▶ 操作方法

按下 **i** 按钮开启显示屏，点击右下角的 **i** 图标进入显示屏设置状态，加亮显示对焦模式图标，显示 AF-A、AF-S、AF-C 等选项，点击选择其中一个选项。

▲ 在拍摄静态题材时，单次伺服自动对焦模式完全可以满足拍摄需求

连续伺服自动对焦模式（AF-C）

选择连续伺服自动对焦模式后，当摄影师半按快门合焦后，保持快门的半按状态，相机会在对焦点中自动切换以保持对运动对象的准确合焦状态，如果在这个过程中主体位置或状态发生了较大的变化，相机会自动进行调整。这是因为在此对焦模式下，如果摄影师半按快门释放按钮时，被摄对象靠近或离开了相机，则相机将自动启用预测对焦跟踪系统。这种对焦模式较适合拍摄运动中的鸟、昆虫、人等对象。

▲ 拍摄水鸟时，使用连续伺服自动对焦模式可以随着水鸟的运动而迅速改变对焦，以保证获得焦点清晰的画面，由于拍摄时使用了连拍模式，因此得到的是一组动作连续的照片『焦距：220mm ┆ 光圈：F8 ┆ 快门速度：1/2000s ┆ 感光度：ISO640』

Q：如何拍摄自动对焦困难的主体?

A：在某些情况下，直接使用自动对焦功能拍摄时会导致对焦困难，此时除了使用手动对焦方法外，还可以按下面的步骤使用对焦锁定功能进行拍摄。

1. 设置对焦模式为单次伺服自动对焦，将自动对焦点对焦在另一个与希望对焦的主体距离相等的物体上，然后半按快门按钮或按住 AE-L/AF-L 按钮。

2. 因为半按快门按钮或按住 AE-L/AF-L 按钮时对焦已被锁定，因此可以将镜头转至希望对焦的主体上，重新构图后完全按下快门完成拍摄。

Nikon D5500

自动伺服自动对焦模式（AF-A）

  自动伺服自动对焦模式适用于无法确定被摄对象是处于静止或运动状态的情况，此时相机会自动根据被摄对象是否运动来选择单次伺服自动对焦模式（AF-S）还是连续伺服自动对焦模式（AF-C）。

  自动伺服自动对焦模式适用于拍摄不能够准确预测动向的被摄对象，如昆虫、鸟、儿童等。

▲ 为了更加准确地表现小男孩的动作和神态，摄影师采用了自动伺服自动对焦模式进行拍摄，因此获得了清晰、生动的画面效果，将孩子最纯真可爱的瞬间记录下来

AF-C 模式下优先释放快门或对焦

"AF-C 优先选择"菜单用于控制采用 AF-C 连续伺服自动对焦模式时，每次按下快门释放按钮时都可拍摄照片，还是仅当相机清晰对焦时才可拍摄照片。

 高手点拨：在拍摄突发事件或记录不会再出现的重大时刻时，可以优先选择"释放"选项，以确保至少能够拍到值得纪录的画面，至于是否清晰就靠运气了。选择"对焦"选项，可保证拍摄到的照片是最清晰的，但有可能出现在相机对焦过程中，被摄对象已经消失或拍摄时机已经丧失的情况。

设定步骤

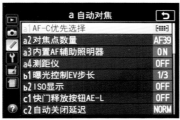

❶ 进入**自定义设定**菜单，点击选择 a **自动对焦**中的 a1 AF-C **优先选择**选项

❷ 点击选择一个选项即可

● 释放：选择此选项，则无论何时按下快门释放按钮均可拍摄照片。适用于"拍到"比"拍好"更重要的情况。

● 对焦：选择此选项，则仅当显示对焦指示（●）时方可拍摄照片。

▼ 在 AF-C 模式下拍摄松鼠，将"AF-C 优先选择"设为"对焦"，获得了主体清晰的画面『焦距：500mm ┊ 光圈：F5.6 ┊ 快门速度：1/160s ┊ 感光度：ISO1600』

利用蜂鸣音提示对焦成功

蜂鸣音最常见的作用就是在对焦成功时发出清脆的声音，以便于确认是否对焦成功。

除此之外，蜂鸣音在自拍时会用于自拍倒计时提示。

设定步骤

❶ 进入**设定菜单**，点击选择**蜂鸣音选项**选项

❷ 点击选择**蜂鸣音开启/关闭**或**音调**选项

❸ 若选择了**音调**选项，可点击选择**高**或**低**选项

●蜂鸣音开启/关闭：选择"开启"选项，将开启蜂鸣音功能；选择"关闭（仅限触控控制）"可关闭操作触摸屏控制时相机发出的声音；选择"关闭"选项则可关闭所有蜂鸣音。

● 音调：选择此选项，可以设置蜂鸣音的"高"或"低"声调。

 高手点拨：在拍摄时建议开启该功能，这样不仅可以很好地帮助摄影师确认合焦，同时在自拍时也能够起到较好的提示作用。要注意的是，无论选择哪个选项，在安静快门释放模式下，相机都不会发出蜂鸣音。

▶ 在拍摄花卉之前开启蜂鸣音功能，可以很方便地判断对焦是否成功，因而得到了对焦准确的画面『焦距：210mm ┊ 光圈：F8 ┊ 快门速度：1/1125s ┊ 感光度：ISO200』

利用内置 AF 辅助照明器提供简单照明

在弱光环境下，相机的自动对焦功能会受到很大的影响，此时可以利用"内置 AF 辅助照明器"功能来提供简单照明，以满足自动对焦对拍摄环境亮度的要求。

 高手点拨：在不能使用内置 AF辅助照明器照明时，如果难于对焦，可以尽量使用靠近中间的高性能十字对焦点并挑选明暗反差较大的位置进行对焦。如果拍摄的是会议或体育比赛等不能被打扰的对象，应该关闭此功能。另外，此功能并不适用于所有镜头，因为某些体积较大的镜头会挡住 AF 辅助照明器，因此，当开启此功能后，而 AF 辅助照明器未发挥作用时，应检查是否是由于镜头遮挡了 AF 辅助照明器造成的。

❶ 进入**自定义设定**菜单，点击选择 a **自动对焦**中的 a3 **内置 AF 辅助照明器**选项

❷ 点击选择**开启**或**关闭**选项

● 开启：选择此选项，则在光线不足时，内置 AF 辅助照明器需要同时满足以下两个条件才可被点亮（仅限于使用取景器拍摄）：①将自动对焦模式设为单次伺服自动对焦或在自动伺服自动对焦模式下自动设为单次伺服自动对焦；②将自动对焦区域模式设为"自动区域 AF"，或者设为"单点 AF"或"动态区域 AF"并选择了中央对焦点。

● 关闭：选择此选项，则关闭内置自动对焦辅助照明器。在光线不足时，相机可能无法使用自动对焦功能。

Q：为什么在弱光下拍摄时，内置 AF 辅助照明器没有发出光线？

A：此功能仅当将对焦模式设置为 AF-S 单次伺服自动对焦模式，而且将自动对焦区域模式设置为"自动区域 AF"时才生效。

Nikon D5500

由于内置 AF 辅助照明器照射的距离有限，因此在拍摄大场景弱光题材时基本不起作用『焦距：28mm｜光圈：F2.8｜快门速度：1/20s｜感光度：ISO1250』

调整对焦点应对不同拍摄题材

对焦点数量

虽然 Nikon D5500 提供了 39 个对焦点，但并非拍摄所有题材时都需要使用这么多的对焦点，可以根据实际拍摄需要选择可用的自动对焦点数量。

例如在拍摄人像、静物、风景时，使用 11 个对焦点就已经完全可以满足拍摄要求了，同时也可以避免由于对焦点过多而导致手选对焦点时，操作过于繁复的问题。

● 39 个对焦点：选择此选项，则从 39 个对焦点中进行选择，适用于需要对拍摄对象精确对焦的情况。

● 11 个对焦点：选择此选项，可从 11 个对焦点中选择所需要的对焦点，常用于快速选择对焦点的情况。

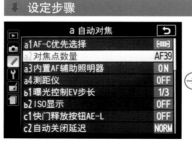

❶ 进入**自定义设定**菜单，点击选择 a **自动对焦**中的 a2 **对焦点数量**选项

❷ 点击选择对焦点数量为 39 或 11 个

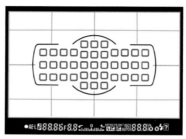

▲ 39 个对焦点

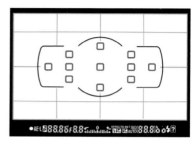

▲ 11 个对焦点

使用 39 个对焦点拍摄天空中成群的鸟儿，可以通过切换对焦点，随意对焦拍摄其中任何一只鸟儿『焦距：240mm ┊ 光圈：F9 ┊ 快门速度：1/400s ┊ 感光度：ISO200』

拍摄静态风景时，使用 11 个对焦点就可以满足拍摄要求『焦距：24mm ┊ 光圈：F16 ┊ 快门速度：1s ┊ 感光度：ISO100』

手选对焦点

　　默认情况下，自动对焦点是优先针对较近的对象进行对焦，因此当拍摄对象不是位于前方，或对焦的位置较为复杂时，自动对焦点通常无法满足我们的拍摄需求，此时就可以手动选择一个对焦点，从而进行更为精确的对焦。

　　在单点、动态以及 3D 跟踪区域模式下，都可以通过按下机身上的多重选择器来调整对焦点的位置。

▶ 操作方法

在选择单点、动态区域（9、21 或 39 个对焦点）、3D 跟踪这 3 种自动对焦区域模式下，在待机定时器处于开启状态时，使用多重选择器即可调整图中红框所示的对焦点位置。

Q：图像模糊、不聚焦或锐度较低应如何处理？

　　A：出现这些情况时，可以从以下三个方面进行检查。

　　1．按下快门按钮时相机是否发生了移动？按下快门按钮时要确保相机保持稳定，尤其在拍摄夜景或在黑暗的环境中拍摄时，快门速度应高于正常拍摄条件下的快门速度。尽量使用三脚架或遥控器，以确保拍摄时相机保持稳定。

　　2．镜头和主体之间的距离是否超出了相机的对焦范围？如果超出了对焦范围，应该调整主体和镜头之间的距离。

　　3．取景器的自动对焦点是否覆盖了主体？相机会对焦于取景器中自动对焦点覆盖的主体。如果因为所处位置使自动对焦点无法覆盖主体，可以使用对焦锁定功能。

Nikon D5500

▼ 为了将昆虫拍摄得足够清晰，摄影师采用了手选对焦点的方式，从而得到了焦点清晰的画面『焦距：100mm ┊光圈：F8 ┊快门速度：1/200s ┊感光度：ISO100』

自动对焦区域模式

Nikon D5500 提供了 39 个对焦点，为精确对焦提供了极大的便利。此外，摄影师还可以选择不同的自动对焦区域模式，以改变对焦点的数量及用于对焦的方式，从而满足不同的拍摄需求。

自动对焦区域模式		显示屏显示
单点区域 AF		
动态区域 AF	9个对焦点	
	21个对焦点	
	39个对焦点	
3D 跟踪		
自动区域 AF		

操作方法

按下 *i* 按钮开启显示屏，点击右下角的 *i* 图标进入显示屏设置状态，加亮显示 AF 区域模式图标，显示**单点区域**[ㄷ]、**动态区域**[ᐤ]9（9个对焦点）、**动态区域**[ᐤ]21（21个对焦点）、**动态区域**[ᐤ]39（39个对焦点）、3D **跟踪**[3D]、**自动区域**[▪]选项，点击选择其中一个选项即可。

单点区域 AF

摄影师可以使用多重选择器选择对焦点，拍摄时相机仅对焦于所选对焦点上的拍摄对象，适用于拍摄静止的对象。

动态区域 AF

在 AF-A 自动伺服和 AF-C 连续伺服自动对焦模式下，若拍摄对象暂时偏离了所选对焦点，则相机会自动使用周围的对焦点进行对焦。在动态区域 AF 模式下，可选择 9、21 或 39 个对焦点。

●9 个对焦点：若拍摄对象偏离所选对焦点，相机将根据来自周围 8 个对焦点的信息进行对焦。当有时间进行构图或拍摄正在进行可预测运动趋势的对象（如跑道上赛跑的运动员或赛车）时，可以选择该选项。

●21 个对焦点：若拍摄对象偏离所选对焦点，相机将根据来自周围 20 个对焦点的信息进行对焦。当拍摄正在进行不可预测运动趋势的对象（如足球场上的运动员）时，可以选择该选项。

●39 个对焦点：若拍摄对象偏离所选对焦点，相机将根据来自周围 38 个对焦点的信息进行对焦。当拍摄对象运动迅速，不易在取景器中构图时（如小鸟），可以选择该选项。

 高手点拨：根据实际使用经验，在深色背景下，跟踪对焦效果最佳的是红色、绿色主体，蓝色次之，相对较弱的是黑色或灰色主体。

Q：三个不同数量的对焦点选项有同时存在的意义吗？

A：有些摄影爱好者对 Nikon D5500 在动态区域 AF 模式下，提供三个不同数量的对焦点选项感到迷惑。认为只需要提供对焦点数量最多的一个选项即可，实际上这是个错误的认识。选择的对焦点数量不同，将影响相机的对焦时间与精度，因为在动态区域 AF 模式下，使用的对焦点数量越多，相机就越需要花费时间利用对焦点对被摄对象进行跟踪，因此对焦效率就越低。同时，由于对焦点数量越多，覆盖的被拍摄区域就越大，则对焦时就有可能受到其他障碍对象的影响，导致对焦精度下降。因此，根据拍摄对象选择不同数量对焦点的自动对焦区域模式是非常必要的。

Q：使用动态区域 AF 模式拍摄时，取景器中对焦点的状态与使用单点区域 AF 模式时相同，那两者间有什么区别呢？

A：使用动态区域 AF 模式对焦时，虽然在取景器中看到的对焦点状态与单点区域 AF 模式下的状态相同，但实际上根据所选择选项的不同，在当前对焦点的周围会隐藏着用于辅助对焦的多个对焦点。例如，在选择 21 个对焦点的情况下，在当前对焦点的周围会有 20 个用于辅助对焦的对焦点，在显示屏中可以看到这些辅助对焦点（呈现为阴影显示状态，如右图所示）。

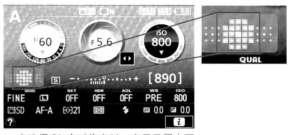

▲ 在选择 21 个对焦点时，在显示屏中可以看到这些对焦点呈加亮显示

▲ 丹顶鹤飞翔时的速度非常快，因此在使用 AF-C 连续伺服自动对焦模式拍摄时，如果再配合使用 39 点动态区域 AF 模式，则可以确保拍摄时能够成功对焦『焦距：500mm ┊ 光圈：F5.6 ┊ 快门速度：1/8000s ┊ 感光度：ISO800』

3D 跟踪

在 AF-A 自动伺服和 AF-C 连续伺服自动对焦模式下，相机将跟踪偏离所选对焦点的拍摄对象并根据需要选择新的对焦点。3D 跟踪自动对焦区域模式用于对从一端到另一端进行不规则运动的拍摄对象（例如，网球选手）进行迅速构图，若拍摄对象偏离对焦点，可松开快门释放按钮，并将拍摄对象置于所选对焦点进行重新构图。

自动区域 AF

选择该自动对焦区域模式，相机将自动侦测拍摄对象并选择对焦点。如果选择的是 G 型或 D 型镜头，相机可以从背景中区分出人物对象，从而提高侦测拍摄对象的精确度。当前对焦点在相机对焦后会短暂加亮显示；在 AF-C 连续伺服自动对焦模式下，或者在 AF-A 自动伺服自动对焦模式下相机将对焦模式自动设为连续伺服自动对焦时，其他对焦点被关闭后，主要对焦点将保持加亮显示。

利用手动对焦模式精确对焦

当画面主体处于杂乱的环境中或在夜晚拍摄时，自动对焦往往无法满足拍摄要求，这时可以使用手动对焦功能。但由于摄影师的拍摄经验不同，拍摄的成功率也有极大的差别。

Q：为什么有时使用 3D 跟踪自动对焦区域模式在改变构图时，无法保持拍摄对象的清晰对焦？

A：使用 3D 跟踪自动对焦区域模式时，在半按下快门释放按钮后，对焦点周围区域中的色彩会被保存到相机中。因此，当拍摄对象的颜色与背景颜色相同时，使用 3D 跟踪可能无法获得预期的效果。例如，在秋季拍摄羽毛颜色为棕色的飞鸟时，由于飞鸟身体的颜色与背景的枯黄色颜色相近，就可能出现改变构图后无法保持飞鸟清晰对焦的情况。

Nikon D5500

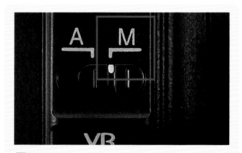

▶ 操作方法

要使用手动对焦，需要在镜头上将对焦模式切换器拨至 M 位置。

Q：哪些情况下需要使用手动对焦？

A：在以下情况下 Nikon D5500 可能无法进行自动对焦，需要使用手动对焦方式进行准确的对焦：主体与背景的反差较小、主体处于弱光或强烈逆光环境中、主体本身有强烈的反光、主体的大部分被一个自动对焦点覆盖的景物覆盖、主体是网络等重复的图案。

Nikon D5500

◀ 在微距摄影中，为了保证能够准确对焦，在拍摄时使用了手动对焦模式，并将对焦点安排在昆虫身上，这样就可以确保主体的重要部分都是清晰的，从而使主体显得更加突出『焦距：90mm ┆光圈：F2.8 ┆快门速度：1/125s ┆感光度：ISO200』

根据拍摄任务设置快门释放模式

选择快门释放模式

针对不同的拍摄任务，需要将快门设置为不同的释放模式。例如，要抓拍高速移动的物体，为了保证成功率，可以将快门释放模式设置为连拍模式，这样持续按下快门按钮后，就可连续拍摄多张照片。

Nikon D5500 提供了单张拍摄 S、低速连拍 L、高速连拍 H、安静快门释放 Q、自拍 、遥控延迟 2s、快速响应遥控 7 种快门释放模式，下面分别讲解它们的使用方法。

操作方法

按住 （ ）按钮并同时转动指令拨盘选择所需要的释放模式选项。

● **单张拍摄 S**：每次按下快门即拍摄一张照片。适合拍摄静止的景物，如建筑、山水或动作幅度不大的对象（摆拍的人像、昆虫等）。

● **低速连拍 L**：若按住快门释放按钮不放，相机每秒可拍摄 3 张照片。

● **高速连拍 H**：若按住快门释放按钮不放，相机每秒可拍摄 5 张照片。

● **安静快门释放 Q**：完全按下快门释放按钮时反光板不会咔嗒一声退回通常位置，因此摄影师可控制反光板发出咔嗒声的时机，使其比使用单张拍摄模式时更安静，除此之外，其他均与单张拍摄模式相同。另外，相机对焦时不会发出蜂鸣音，以将噪音降至最低。

● **自拍 **：先半按快门释放按钮进行对焦，然后完全按下快门释放按钮，此时自拍指示灯将开始闪烁且相机发出蜂鸣音。拍摄前 2 秒时，指示灯将停止闪烁且蜂鸣音变快，随后释放快门进行拍摄。在"自定义设定"菜单中可以修改"c3 自拍"中的参数，从而获得 2、5、10 和 20 秒的自拍延迟时间，特别适合自拍、合影或拍摄高画质风景时使用。

● **遥控延迟 2s**：按下另购的 ML-L3 遥控器上的快门释放按钮 2 秒后快门才被释放。

● **快速响应遥控 **：按下另购的 ML-L3 遥控器上的快门释放按钮时快门被释放。

▲ 在拍摄足球运动员比赛的画面时，一定要使用高速连拍快门释放模式

设置自拍控制选项

Nikon D5500 提供了较为丰富的自拍控制选项，可以设置自拍延迟时间、拍摄张数。

在进行自拍时，可以指定一个从按下快门按钮起（准备拍摄）至开始曝光（开始拍摄）的延迟时间，其中包括了"2 秒""5 秒""10 秒"和"20 秒"4个选项。利用"自拍延迟"功能，可以为拍摄对象留出足够的准备时间，以便摆出想要的姿势或造型。

设定步骤

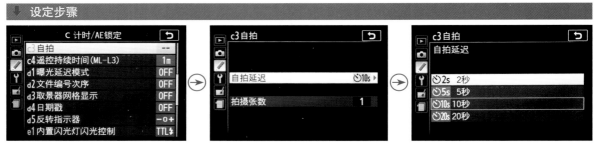

① 进入**自定义设定**菜单，点击选择 c **计时 /AE 锁定**中的 c3 **自拍**选项

② 点击选择**自拍延迟**选项

③ 点击选择不同的自拍延迟时间

④ 如果在步骤②中选择**拍摄张数**选项

⑤ 点击▲或▼方向图标可选择要拍摄的照片数量，然后点击右下角的 OK 图标确定

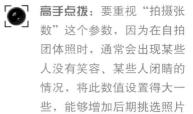

高手点拨：要重视"拍摄张数"这个参数，因为在自拍团体照时，通常会出现某些人没有笑容、某些人闭睛的情况，将此数值设置得大一些，能够增加后期挑选照片的余地。

◀ 利用"自拍延迟"功能，摄影师可以较从容地跑到合影位置并摆好 POSE，等待相机完成拍摄『焦距：80mm ┊ 光圈：F3.5 ┊ 快门速度：1/125s ┊ 感光度：ISO640』

设置测光模式以获得准确曝光

　　要想准确曝光，前提是必须做到准确测光，根据数码单反相机内置测光表提供的曝光数值拍摄，一般都可以获得准确曝光。但有时候也不尽然，例如，在环境光线较为复杂的情况下，数码相机的测光系统不一定能够准确识别，此时仍采用数码相机提供的曝光组合拍摄的话，就会出现曝光失误。在这种情况下，我们应该根据要表达的主题、渲染的气氛进行适当的调整，即按照"拍摄→检查→设置→重新拍摄"的流程进行不断的尝试，直至拍出满意的照片为止。

　　在使用除全手动及 B 门以外的所有曝光模式拍摄时，都需要依据相应的测光模式确定曝光组合。例如，在光圈优先模式下，在指定了光圈及 ISO 感光度数值后，可根据不同的测光模式确定快门速度值，以满足准确曝光的需求。因此，选择一个合适的测光模式，是获得准确曝光的重要前提。

矩阵测光

　　矩阵测光是最常用的测光模式，在该模式下，相机将测量取景画面中全部景物的平均亮度值，并以此作为曝光的依据。在主体和背景之间的明暗反差不大时，使用矩阵测光模式一般可以获得准确曝光，此模式最适合拍摄日常及风光题材。

▶ 操作方法

按下 *i* 按钮开启显示屏，点击右下角的 *i* 图标进入显示屏设置状态，加亮显示测光模式图标，显示 **矩阵测光**、**中央重点测光**、**点测光** 选项，点击选择其中一个选项即可。

▼ 由于画面中没有明显的明暗对比，因此使用矩阵测光模式可以获得曝光正常的画面效果『焦距：24mm ┊ 光圈：F6.3 ┊ 快门速度：1/350s ┊ 感光度：ISO100』

中央重点测光模式 ◉

在中央重点测光模式下，相机对画面中央圆圈（该圆的直径约为8mm）内的物体测光，同时也均匀地测量整个画面的亮度，但在确定测光数据对曝光的影响权重时，优先将75%的权重分配给画面中央位置的物体。

由于测光时能够兼顾其他区域的亮度，因此该模式既能实现画面中央区域的精准曝光，又能保留部分背景的细节。这种测光模式适合拍摄主体位于画面中央位置的题材，如人像、建筑物等。

▲ 当人物处于画面的中心位置时，使用中央重点测光可以得到曝光合适的画面，人物面部的皮肤显得更加白皙『焦距：135mm ┊光圈：F4 ┊快门速度：1/250s ┊感光度：ISO250』

点测光模式 ▣

点测光是一种高级测光模式，相机对直径为3.5mm的圆形区域（约占画面总面积的2.5%）进行测光，因此具有相当高的准确性。当主体和背景的亮度差异较大时，最适合使用点测光模式拍摄。

由于点测光的测光面积非常小，在实际使用时，一定要准确地将测光点（即对焦点）对准在要测光的对象上。这种测光模式是拍摄剪影照片的最佳测光模式。

此外，在拍摄人像时也常用这种测光模式，通过将测光点对准在人物的面部或其他皮肤位置，从而使人物的皮肤获得准确曝光。

▲ 夕阳时分，使用点测光对天空进行测光，从而得到天空曝光合适、树木呈剪影效果的画面，这样的画面也具有很强的形式美感『焦距：18mm ┊光圈：F16 ┊快门速度：1/2s ┊感光度：ISO320』

拍摄花朵与背景明暗对比明显的照片时，
可以使用点测光模式针对花朵测光，从而
得到花朵曝光正常，而背景呈深色的效果
『焦距：50mm ┊ 光圈：F3.5 ┊ 快门速度：
1/320s ┊ 感光度：ISO100』

『焦距：35mm ┊ 光圈：F9 ┊ 快门速度：1/125s ┊ 感光度：ISO100』

Chapter 04

活用曝光模式拍出好照片

全自动拍摄模式

Nikon D5500 的全自动拍摄模式包括两种，即全自动模式📷和全自动（禁止使用闪光灯）模式🚫，二者之间的区别就在于闪光灯是否被关闭。

全自动模式 📷

全自动模式也叫"傻瓜拍摄模式"，从提高摄影水平的角度看，可以说是毫无用处的模式，仅限于记录一些简单画面而已。

适合拍摄：所有拍摄场景。

优　　点：曝光和其他相关参数由相机按预定程序自主控制，可以快速进入拍摄状态，操作也非常简单，在多数拍摄条件下都能拍出有一定水准的照片，可满足家庭用户日常拍摄需求，尤其适合抓拍突发事件等。闪光灯将在光线不足的情况下自动被开启。

特别注意：用户可调整的空间很小，对提高摄影水平帮助不大。

全自动（禁止使用闪光灯）模式 🚫

在弱光环境下，使用全自动模式📷拍摄时，相机会自动弹出闪光灯进行补光，如果拍摄儿童或受环境（如博物馆、海底世界）制约不能使用闪光灯时，则可以切换至此模式，但由于光线不足，拍摄时很容易因为相机的震动而导致成像模糊，所以最好能使用三脚架。

适合拍摄：所有现场光中的对象。

优　　点：除关闭闪光灯外，其他方面与全自动模式📷完全相同。

特别注意：如果需要使用闪光灯，一定要切换至其他支持此功能的模式。

『焦距：24mm 光圈：F13 快门速度：1/125s 感光度：ISO1000』

『焦距：85mm 光圈：F1.2 快门速度：1/320s 感光度：ISO100』

常用场景拍摄模式

Nikon D5500 提供了多种常用场景拍摄模式，包括人像模式🏃、风景模式⛰️、儿童照模式🧒、运动模式🏃、微距模式🌷、夜间人像模式👤、夜景模式🏙️、宴会/室内模式🎉、海滩/雪景模式🏖️、日落模式🌅、黄昏/黎明模式🌄、宠物像模式🐕、烛光模式🕯️、花模式🌸、秋色模式🍂、食物模式🍴等场景模式，方便摄影爱好者在不同场景下快速拍出好照片。

▶ 操作方法
转动模式拨盘至 SCENE，再转动指令拨盘，在显示屏中选择所需场景模式。

人像模式 🏃

使用人像模式🏃拍摄时，相机将在当前最大光圈的基础上进行一定的收缩，以保证获得较高的成像质量，并使人物的脸部更加柔美、背景呈漂亮的虚化效果。在光线较弱的情况下，相机会自动开启闪光灯进行补光。按住快门不放即可进行连拍，以保证在拍摄运动中的人像时，也可以成功地记录其运动的精彩瞬间。在开启闪光灯的情况下，无法进行连拍。

> 适合拍摄：人像及希望虚化背景的对象。
>
> 优　　点：能拍摄出层次丰富、肤色柔滑的人像照片，　　　　　　而且能够尽量虚化背景，突出主体。
>
> 特别注意：拍摄环境人像时，画面色彩可能较柔和。

『焦距：50mm｜光圈：F2.8｜快门速度：1/250s｜感光度：ISO100』

风景模式 ⛰️

使用风景模式⛰️可以在白天拍摄出色彩艳丽的风景照片，为了保证获得足够大的景深，在拍摄时相机会自动缩小光圈。在此模式下，闪光灯将被强制关闭，如果是在较暗的环境中拍摄风景，可以选择夜景模式。

> 适合拍摄：景深较大的风景、建筑等。
>
> 优　　点：色彩鲜明、锐度较高。
>
> 特别注意：即使在光线不足的情况下，闪光灯也一直　　　　　　保持关闭状态。

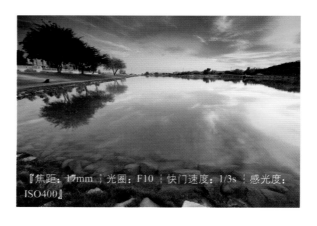

『焦距：17mm｜光圈：F10｜快门速度：1/3s｜感光度：ISO400』

儿童照模式 🏃

可以将儿童照模式🏃理解为人像模式的特别版，即根据儿童在着装色彩上较为鲜艳的特点进行色彩校正，并保留皮肤的自然色彩。

> 适合拍摄：儿童或色彩较鲜艳的对象。

> 优　　点：即使在下雪天等不太利于表现色彩的环境中，使用儿童照模式也能拍到不错的色彩，同时采用了人像模式中比最大光圈略小一挡的光圈设定，能够得到很好的背景虚化效果。

> 特别注意：在拍摄低色调的照片时，色彩可能会显得过于浓重。

『焦距：95mm┊光圈：F4.5┊快门速度：1/320s┊感光度：ISO200』

运动模式 🏃

使用运动模式🏃拍摄时，相机将使用高速快门以确保拍摄的动态对象能够清晰成像，该模式特别适合凝固运动对象的瞬间动作。为了保证精准对焦，相机会默认使用 AF-A 自动伺服自动对焦模式，对焦点会自动跟踪运动的主体。

> 适合拍摄：运动对象。

> 优　　点：方便进行运动摄影，凝固瞬间动作。

> 特别注意：当光线不足时会自动提高感光度数值，画面可能会出现较明显的噪点；如果要使用慢速快门，则应该使用其他模式进行拍摄。

『焦距：400mm┊光圈：F8┊快门速度：1/1600s┊感光度：ISO400』

微距模式 🌷

微距模式🌷适合拍摄花卉、静物、昆虫等微小物体。在该模式下，拍摄到的主体更大，清晰度也会更高，明显比使用全自动模式拍摄的效果好。

在拍摄时，如果使用的是变焦镜头，应调至最长焦端，这样能使拍摄到的主体在画面中显得更大。另外，在选择背景时，应尽量让背景保持简洁，这样可以使主体更加突出。如果相机识别到现场的光照条件较差，会自动开启闪光灯。

> 适合拍摄：微小主体，如花卉、昆虫等。

> 优　　点：方便进行微距摄影，画面色彩鲜艳、锐度较高。

> 特别注意：如果要使用小光圈获得大景深，则需要使用其他拍摄模式。

『焦距：18mm┊光圈：F10┊快门速度：1/320s┊感光度：ISO100』

夜间人像模式

选择此模式后，相机会自动打开内置闪光灯，以保证人物获得充分的曝光，同时，该模式还兼顾了人物以外的环境，即开启慢速闪光同步功能，在闪光灯照亮人物的同时，慢速快门也能使画面的背景获得充足的曝光。

夜景模式

夜景模式适合拍摄夜间的风景，为了保证获得足够大的景深，通常会使用较小的光圈，此时并不会弹出闪光灯进行补光，因此，相对于夜间人像模式而言，使用该模式拍摄时更需要使用三脚架，以保证相机的稳定。

宴会/室内模式

宴会/室内模式适合拍摄室内照明环境中的对象，例如聚会或其他室内场景。

『焦距：80mm｜光圈：F5.6｜快门速度：1/320s｜感光度：ISO500』

海滩/雪景模式

海滩/雪景模式适合拍摄阳光下的水面、雪地、沙滩等场景。在此模式下，内置闪光灯和 AF 辅助照明器将被关闭。

『焦距：24mm｜光圈：F9｜快门速度：1/125s｜感光度：ISO100』

日落模式

日落模式适合拍摄日落前或日出后的风景，以表现温暖的深色调，由于光线比较暗，因此需要使用三脚架稳定相机。

『焦距：105mm｜光圈：F8｜快门速度：1/250s｜感光度：ISO200』

黄昏/黎明模式

黄昏/黎明模式适合拍摄黄昏或黎明时的风景，同样，由于场景光线比较暗淡，因此需要使用三脚架稳定相机。

『焦距：20mm｜光圈：F11｜快门速度：1/200s｜感光度：ISO200』

宠物像模式 🐱

宠物像模式适合拍摄活泼的宠物，如活泼的小猫、小狗等。

烛光模式 🕯

烛光模式适合拍摄烛光下的场景。为了不破坏现场气氛，内置闪光灯将被自动关闭；拍摄时推荐使用三脚架，以避免由于光线不足而导致画面模糊。

花模式 🌸

花模式对色彩进行了优化设置，以保证拍摄到的照片色彩比较鲜艳，适合拍摄红、绿、蓝、粉等色彩的花卉。

秋色模式 🍁

秋色模式适合表现秋天常见的红色和黄色。

食物模式 🍴

食物模式适合拍摄逼真的食物照片。为了追求高画质，推荐使用三脚架以避免画面模糊。拍摄时还可以使用闪光灯，以增加食物的光泽度。

▶『焦距：90mm ┊光圈：F5.6 ┊快门速度：1/45s ┊感光度：ISO800』

特殊效果模式

特效效果模式是 Nikon D5500 提供的趣味性和实用性俱佳的拍摄模式,使用这种拍摄模式拍摄时,拍出的照片具有类似于经过数码后期处理而得到的特效效果。根据选择的选项不同,可得到夜视效果、超级鲜艳效果、流行效果、照片说明效果、玩具照相机效果、模型效果、可选颜色效果、剪影效果、高色调效果、低色调效果的照片。

▶ 操作方法

转动模式拨盘至 EFFECTS,再转动指令拨盘,在显示屏中可选择所需要的特殊效果模式。

夜视效果

夜视效果模式适合在黑暗环境中以高 ISO 感光度记录单色图像(图像中将带有一些噪点,如不规则间距明亮像素、雾像或条纹)。

如果拍摄时相机无法实现自动对焦,可使用手动对焦模式进行手动对焦。此时,内置闪光灯和 AF 辅助照明器会被关闭,由于曝光时间较长,因此推荐使用三脚架以避免画面模糊。

超级鲜艳效果 VI

超级鲜艳效果模式是通过增加画面的整体饱和度和对比度以获取更加鲜艳悦目的图像,适合拍摄花卉、风光。

流行效果 POP

流行效果模式是通过增加整体饱和度以获取更加栩栩如生的图像。适合拍摄美食、静物和人像。

照片说明效果

照片说明效果模式是通过锐化轮廓并简化色彩以获取可在实时取景中进行调整的海报效果。在该模式下拍摄的动画在播放时如同由一系列静止照片组成的幻灯片。

玩具照相机效果 🄰

使用这种拍摄模式，能够拍摄出来类似于微缩景观的效果。

模型效果 🄰

使用此模式拍摄时，可使远距离的拍摄对象呈现出模型效果。

可选颜色效果 🄰

使用此模式拍摄时，可以将想强调的颜色之外的图像以黑白形式表现出来，最多可选择3种颜色。

剪影效果 🄰

使用此模式拍摄时，可将明亮背景下的拍摄对象表现为剪影轮廓效果。

高色调效果 🄰

使用此模式拍摄时，可将明亮光线下的场景表现为色彩明快的高调效果。

低色调效果 🄛🄾

使用此模式拍摄时，可将暗淡光线下的场景表现为色彩低沉的暗调效果。

高级曝光模式

Nikon D5500 提供了程序自动、光圈优先、快门优先以及全手动 4 种高级曝光模式，灵活地运用这 4 种高级拍摄模式，几乎能够完成所有常见题材的拍摄任务。

程序自动模式（P）

使用 P 挡程序自动模式拍摄时，光圈和快门速度由相机自动控制，相机会自动给出不同的曝光组合，此时转动指令拨盘可以在相机给出的曝光组合中进行选择。除此之外，白平衡、ISO 感光度、曝光补偿等参数也可以人为进行手动控制。

通过对这些参数进行不同的设置，拍摄者可以得到不同效果的照片，而且不用自己去考虑光圈和快门速度的数值就能够获得较为准确的曝光。程序自动模式常用于拍摄新闻、纪实等需要抓拍的题材。

在实际拍摄时，向右旋转指令拨盘可获得模糊背景细节的大光圈（低 F 值）或"锁定"动作的高速快门曝光组合；向左旋转指令拨盘可获得增加景深的小光圈（高 F 值）或模糊动作的低速快门曝光组合。

Q：什么是等效曝光？

A：下面我们通过一个拍摄案例来说明这个概念。例如，摄影师在使用 P 挡程序自动模式拍摄一张人像照片时，相机给出的快门速度为 1/60s，光圈为 F8，但摄影师希望采用更大的光圈，以便提高快门速度。此时就可以向右转动指令拨盘，将光圈增加至 F4，即将光圈调大 2 挡，而在 P 挡程序自动模式下就能够使快门速度也提高 2 挡，从而达到 1/250s。1/60s、F8 与 1/250s、F4 这两组快门速度与光圈组合虽然不同，但可以得到完全相同的曝光量，这就是等效曝光。

Nikon D5500

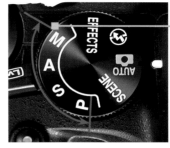

创意拍摄区

这些拍摄模式可以让您更好地控制拍摄效果

M：全手动模式

A：光圈优先模式

S：快门优先模式

P：程序自动模式

▲ 4 种高级曝光模式

▶ 操作方法

在 P 挡程序自动模式下，通过旋转指令拨盘可选择快门速度和光圈的不同组合。

▼ 两组不同的曝光参数组合，得到相同的曝光效果『左图：焦距：50mm ┆ 光圈：F4 ┆ 快门速度：1/6s ┆ 感光度：ISO100 右图：焦距：50mm ┆ 光圈：F2.5 ┆ 快门速度：1/15s ┆ 感光度：ISO100』

使用 P 挡程序自动模式抓拍船上装扮
奇特的人物，将其动态清晰地呈现出来，
合适的曝光准确地表现出了人物的着装
质感『焦距：56mm ┊光圈：F6.3 ┊快
门速度：1/250s ┊感光度：ISO160』

快门优先模式（S）

在快门优先模式下，用户可以转动指令拨盘从1/4000~30 秒之间选择所需快门速度，然后相机会自动计算光圈的大小，以获得准确的曝光。

在拍摄时，快门速度需要根据被摄对象的运动速度及照片的表现形式（即凝固瞬间的清晰还是带有动感的模糊）来确定。要定格运动对象的瞬间，应该用高速快门；反之，如果希望使运动对象在画面中表现为模糊的线条，应该使用低速快门。

▶ 操作方法

在 S 挡快门优先模式下，可通过旋转指令拨盘调整快门速度值。还可以通过点击屏幕上 ◀▶ 图标进入修改状态。

▼ 使用不同的快门速度拍摄海边的浪花，获得了不同的画面效果

『焦距：105mm │光圈：F8 │快门速度：1/500s │感光度：ISO100』

光圈优先模式（A）

　　光圈优先模式在模式转盘上显示为 A。使用此模式拍摄时，摄影师可以旋转指令拨盘从镜头的最小光圈值到最大光圈值之间选择所需光圈，相机会根据当前设置的光圈大小自动计算出使当前场景准确曝光所需要的快门速度。

　　使用光圈优先模式可以控制画面的景深，在同样的拍摄距离下，光圈越大，则景深越小，即拍摄对象（对焦的位置）前景、背景的虚化效果就越好；反之，光圈越小，则景深越大，即拍摄对象前景、背景的清晰度就越高。

 高手点拨：在使用光圈优先模式拍摄时，应注意以下两方面的问题：①当光圈过大而导致快门速度超出了相机的极限时，如果仍然希望保持该光圈，可以尝试降低ISO感光度的数值，或使用中灰滤镜减少进光量，以保证曝光准确；②为了得到大景深而使用小光圈时，应该注意快门速度不能低于安全快门速度。

▶ **操作方法**

在 A 挡光圈优先模式下，可通过旋转指令拨盘调整光圈值。还可以通过点击屏幕上 ◀▶ 图标进入修改状态。

◀ 在光圈优先模式下，为了表现出花海效果，在拍摄时使用了较小光圈以获得较大的景深『焦距：40mm ┊ 光圈：F11 ┊ 快门速度：1/800s ┊ 感光度：ISO200』

◀ 使用光圈优先模式并配合较大光圈的运用，可以将画面的背景虚化，以更好地突出花朵主体『焦距：200mm ┊ 光圈：F4 ┊ 快门速度：1/320s ┊ 感光度：ISO100』

全手动模式（**M**）

在此模式下，相机的所有智能分析、计算功能将不工作，所有拍摄参数都需要由摄影师手动进行设置。使用 M 挡全手动模式拍摄有以下优点。

首先，使用 M 挡全手动模式拍摄时，当摄影师设置好恰当的光圈、快门速度的数值后，即使移动镜头进行再次构图，光圈与快门速度的数值也不会发生变化，这一点不像其他拍摄模式，在测光后需要进行曝光锁定，才可以进行再次构图。

其次，使用其他拍摄模式拍摄时，往往需要根据场景的亮度，在测光后进行曝光补偿操作；而在 M 挡全手动模式下，由于光圈与快门速度的数值都由摄影师来设定，因此设定的同时就可以将曝光补偿考虑在内，从而省略了曝光补偿的设置过程。因此，在全手动模式下，摄影师可以按自己的想法让影像曝光不足，以使照片显得较暗，给人忧伤的感觉；或者让影像稍微过曝，以拍摄出明快的高调照片。

另外，在摄影棚使用频闪灯或外置的非专用闪光灯拍摄时，由于无法使用相机的测光系统，而需要使用闪光灯测光表或通过手动计算来确定正确的曝光值，此时就需要手动设置光圈和快门速度，从而获得正确的曝光。

▶ 操作方法

在 M 挡全手动模式下，旋转指令拨盘可调整快门速度值；按住 ☒（⊛）按钮同时旋转指令拨盘可调整光圈值。还可以通过点击屏幕上 ◀▶ 图标进入修改状态。

▼ 在影棚内拍摄时，由于光线、背景不变，所以使用 M 挡全手动模式并设置好曝光参数后，就可以把注意力集中在模特的动作和表情上，拍摄将变得更加轻松、自如

『焦距：40mm │光圈：F7.1 │快门速度：1/125s │感光度：ISO125』

『焦距：42mm │光圈：F7.1 │快门速度：1/125s │感光度：ISO125』

使用 M 挡全手动模式拍摄时，通过控制面板和取景器中显示的电子模拟曝光指示标尺就可判断照片在当前设定下的曝光情况。根据在"自定义设定"菜单中选择的曝光控制 EV 步长值的不同，曝光不足或曝光过度将以 1/3EV 或 1/2EV 的增量显示，如果超过曝光测光系统的限制，该显示将会闪烁。

标准曝光量标志

当前曝光量标志

 高手点拨：为避免出现曝光不足或曝光过度的问题，Nikon D5500相机提供了提醒功能，即在曝光不足或曝光过度时，可以在取景器或显示屏中显示曝光提示。

▲ 在改变光圈或快门速度时，当前曝光量标志会左右移动，当其位于标准曝光量标志的位置时，就能获得相对准确的曝光

将"曝光控制 EV 步长"设为"1/3 步长"时电子模拟曝光显示		
最佳曝光	1/3EV曝光不足	2EV曝光过度
取景器		

▼ 使用 M 挡全手动模式拍摄风景时，不用考虑曝光补偿，也不用考虑曝光锁定，让电子模拟曝光指示标尺对准"0"位置，就能获得准确曝光『焦距：50mm ┆光圈：F10 ┆快门速度：1/10s ┆感光度：ISO100』

B门模式

使用 B 门模式拍摄时，持续地完全按下快门按钮将使快门一直处于打开状态，直到松开快门按钮时快门被关闭，即完成整个曝光过程，因此曝光时间取决于快门按钮被按下与被释放的过程。

由于使用这种曝光模式拍摄时，可以持续地长时间曝光，因此特别适合拍摄光绘、天体、焰火等需要长时间曝光并手动控制曝光时间的题材。

需要注意的是，使用 B 门模式拍摄时，为了避免所拍摄的照片模糊，应该使用三脚架及遥控快门线辅助拍摄，若不具备条件，至少也要将相机放置在平稳的水平面上。

操作方法

先将模式拨盘转至 M 模式，然后向左转动指令拨盘直至显示屏中显示的快门速度为 Bulb，此时即可激活 B 门模式。

↓ 设定步骤

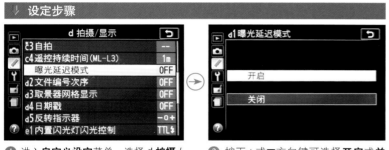

❶ 进入**自定义设定**菜单，选择 d **拍摄 / 显示**中的 d1 **曝光延迟模式**选项

❷ 按下▲或▼方向键可选择**开启**或**关闭**选项

 高手点拨：在使用B门模式且未使用遥控器拍摄时，建议在"自定义设定"菜单中将"曝光延迟模式"设置为"开启"，这样在摄影师按下快门释放按钮且相机升起反光板后，快门将延迟释放约1秒，以避免因为按下快门按钮使机身产生抖动而导致照片模糊。

◀ 拍摄城市夜景需要长时间曝光，所以选择 B 门模式进行拍摄，并配合三脚架与遥控快门线的应用，从而获得了清晰的画面效果『焦距：38mm ┊光圈：F6.3 ┊快门速度：5s ┊感光度：ISO100』

『焦距：100mm │ 光圈：F6.3 │ 快门速度：1/1250s │ 感光度：ISO400』

Chapter 05

拍出佳片
必须掌握的高级曝光技巧

通过直方图判断曝光是否准确

直方图的作用

直方图是一种相机曝光所捕获的影像色彩或影调信息的图示，能够反映照片的曝光情况。

通过查看直方图所呈现的效果，可以帮助拍摄者判断曝光情况，并以此做出相应调整，以得到最佳曝光效果。另外，采用即时取景模式拍摄时，通过直方图可以检测画面的成像效果，给拍摄者提供重要的曝光信息。

很多摄影爱好者都会陷入这样一个误区，显示屏上显示的影像很棒，便以为真正的曝光结果也会不错，但事实并非如此。

这是由于很多相机的显示屏还处于出厂时的默认状态，显示屏的对比度和亮度都比较高，令摄影师误以为拍摄到的影像很漂亮，倘若不看直方图，往往会感觉画面的曝光正合适，但在电脑屏幕上观看时，却发现拍摄时感觉还不错的画面，暗部层次却丢失了，虽然能够通过后期处理软件挽回部分细节，效果也不会太好。

因此，在拍摄时要随时查看照片的直方图，这是唯一值得信赖的判断曝光是否正确的依据。

▲ 在拍摄时，通常可利用直方图判断画面的曝光是否合适『焦距：20mm ┊光圈：F18 ┊快门速度：1/400s ┊感光度：ISO200』

▶ 操作方法

在机身上按下 ▶ 按钮播放照片，按下▼或▲方向键显示概览或 RGB 直方图界面，即可查看直方图。

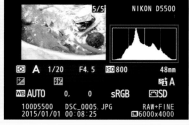

在相机中查看直方图

直方图的横轴表示亮度等级（从左至右分别对应黑与白），纵轴表示图像中各种亮度像素数量的多少，峰值越高，则表示这个亮度的像素数量就越多。

▲ 直方图线条偏左且溢出，表示画面曝光不足

所以，拍摄者可通过观看直方图的显示状态来判断照片的曝光情况，若出现曝光不足或曝光过度，调整曝光参数后再进行拍摄，即可获得一张曝光准确的照片。

当曝光过度时，照片上会出现死白的区域，画面中的很多细节都丢失了，反映在直方图上就是像素主要集中于横轴的右端（最亮处），并出现像素溢出现象，即高光溢出，而左侧较暗的区域则无像素分布，故该照片在后期无法补救。

▲ 直方图右侧溢出，表示画面中高光处曝光过度

当曝光准确时，照片影调较为均匀，且高光、暗部或阴影处均无细节丢失，反映在直方图上就是在整个横轴上从最黑的左端到最白的右端都有像素分布，后期可调整余地较大。

当曝光不足时，照片上会出现无细节的死黑区域，画面中丢失了过多的暗部细节,反映在直方图上就是像素主要集中于横轴的左端（最暗处），并出现像素溢出现象，即暗部溢出，而右侧较亮区域则少有像素分布，故该照片在后期也无法补救。

▼ 曝光正常的直方图，画面明暗适中，色调分布均匀『焦距：24mm ┆光圈：F20 ┆快门速度：1/320s ┆感光度：ISO100』

辩证地理解直方图

在使用直方图判断照片的曝光情况时，不能生搬硬套前面所讲述的理论，因为高调或低调照片的直方图看上去与曝光过度或曝光不足的直方图很像，但照片并非曝光过度或曝光不足，这一点从下面展示的两张照片及其相应的直方图中就可以看出来。

因此，检查直方图后，要视具体拍摄题材和所要表现的画面效果，灵活地调整曝光参数。

▲ 画面中积雪所占面积很大，虽然直方图中的线条主要分布在右侧，但这是一幅典型的高调效果画面，所以应与其他曝光过度照片的直方图区别看待『焦距：35mm ┊ 光圈：F8 ┊ 快门速度：1/640s ┊ 感光度：ISO400』

▲ 这是一幅采用逆光拍摄的剪影照片，像素集中在直方图左侧，与曝光不足照片的直方图类似，然而这是摄影师有意追求的暗调效果，因此不能与曝光不足的照片一概而论『焦距：160mm ┊ 光圈：F5.6 ┊ 快门速度：1/640s ┊ 感光度：ISO200』

设置曝光补偿让曝光更准确

曝光补偿的含义

　　曝光补偿是指在现有曝光结果的基础上进行曝光（也可以直观理解成亮度）的增减。

　　受拍摄环境的影响，相机的测光结果可能会出现偏差，此时就可以通过增加或减少曝光补偿进行校正。

　　曝光补偿通常用类似"±nEV"的方式来表示，"+1EV"是指在自动曝光的基础上增加 1 挡曝光；"–1EV"是指在自动曝光的基础上减少 1 挡曝光，依此类推。Nikon D5500 的曝光补偿范围为 –5.0~+5.0EV。

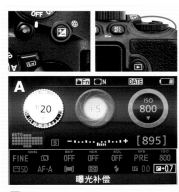

▶ 操作方法

按住 ☑ 曝光补偿按钮并同时转动指令拨盘选择一个曝光补偿数值。

▼ 拍摄人像时，在自动测光的基础上增加 1 挡曝光补偿，使模特的皮肤显得更加光滑、白皙『焦距：135mm ┆ 光圈：F2.8 ┆ 快门速度：1/800s ┆ 感光度：ISO100』

曝光补偿的调整原则

设置曝光补偿时应当遵循"白加黑减"的原则，例如，在拍摄雪景的时候一般要增加1~2挡曝光补偿，这样拍出的雪要白亮很多，更加接近人眼的观察效果；而在被摄主体位于黑色背景前或拍摄颜色比较深的景物时，应该减少曝光补偿，以获得较理想的画面效果。

除此之外，还要根据所拍摄场景中亮调与暗调所占的面积来确定曝光补偿的数值，亮调所占的面积越大，设置的正向曝光补偿值就应该越大；反之，如果暗调所占的面积越大，则设置的负向曝光补偿值就应该越大。

▲ 在拍摄人像时，增加两挡曝光补偿可使其显得更洁净，画面给人以清新、淡雅的感觉『焦距：86mm ┊光圈：F2.8 ┊快门速度：1/2000s ┊感光度：ISO200』

▼ 拍摄夕阳海景时，通过降低一挡曝光补偿，使天空的色彩更加浓郁，增强了黄昏的氛围『焦距：20mm ┊光圈：F22 ┊快门速度：1/2s ┊感光度：ISO100』

在快门优先模式下使用曝光补偿的效果

在快门优先模式下，每增加一挡曝光补偿，光圈就会变大一挡，使照片变得更亮，直至光圈达到镜头的最大光圈为止。而每减少一挡曝光补偿，光圈就会收缩一挡，照片会变得更暗，直至光圈达到镜头的最小光圈为止。

从右侧展示的一组照片中可以看出，当曝光补偿值发生变化时，光圈值也会随之发生变化，由于光圈越来越小，曝光越来越不充分，因此照片也越来越暗。另外，由于光圈越来越小，因此画面的景深也越来越大。这从一个侧面说明，曝光补偿会影响画面的景深。

▲ 光圈：F4 快门速度：1/25s 感光度：ISO400 曝光补偿：+1EV

▲ 光圈：F5 快门速度：1/25s 感光度：ISO400 曝光补偿：+0.3EV

▲ 光圈：F6.3 快门速度：1/25s 感光度：ISO400 曝光补偿：−0.3EV

▲ 光圈：F8 快门速度：1/25s 感光度：ISO400 曝光补偿：−1EV

Q：为什么有时即使不断增加曝光补偿，所拍摄出来的画面仍然没有变化？

A：发生这种情况，通常是由于曝光组合中的光圈值已经达到了镜头的最大光圈导致的。以右侧的一组照片为例，虽然曝光补偿值不断变大，但画面却没有发生任何变化，这正是由于拍摄时使用的光圈已是镜头的最大光圈了，因此，虽然曝光补偿值在变大，但由于光圈不可能再发生变化，因此画面效果也不会有变化。

Nikon D5500

▲ 光圈：F1.4 快门速度：1/50s 感光度：ISO100 曝光补偿：1/3EV

▲ 光圈：F1.4 快门速度：1/50s 感光度：ISO100 曝光补偿：2/3EV

▲ 光圈：F1.4 快门速度：1/50s 感光度：ISO100 曝光补偿：1EV

▲ 光圈：F1.4 快门速度：1/50s 感光度：ISO100 曝光补偿：1⅓EV

在光圈优先模式下使用曝光补偿的效果

在光圈优先模式下使用曝光补偿时，每增加一挡曝光补偿，快门速度会降低一挡，从而获得增加一挡曝光量的效果；反之，每降低一挡曝光补偿，则快门速度提高一挡，从而获得减少一挡曝光量的效果。

下面一组照片是在光圈优先模式下，使用不同曝光补偿数值时拍摄的画面。

▲ 光圈：F5 快门速度：1/25s 感光度：ISO800 曝光补偿：+2EV

▲ 光圈：F5 快门速度：1/30s 感光度：ISO800 曝光补偿：+1.67EV

▲ 光圈：F5 快门速度：1/40s 感光度：ISO800 曝光补偿：+1.33EV

▲ 光圈：F5 快门速度：1/50s 感光度：ISO800 曝光补偿：+1EV

▲ 光圈：F5 快门速度：1/60s 感光度：ISO800 曝光补偿：+0.67EV

▲ 光圈：F5 快门速度：1/80s 感光度：ISO800 曝光补偿：+0.33EV

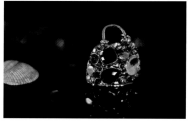

▲ 光圈：F5 快门速度：1/100s 感光度：ISO800 曝光补偿：0EV

▲ 光圈：F5 快门速度：1/125s 感光度：ISO800 曝光补偿：−0.33EV

▲ 光圈：F5 快门速度：1/160s 感光度：ISO800 曝光补偿：−0.67EV

从上面这组照片中可以看出，当曝光补偿值从正值向负值变化时，快门速度随之逐渐变快，由于曝光时间越来越短，因此照片也越来越暗。

另外，由于快门速度越来越快，如果拍摄的是动态对象，则画面中的主体会表现为越来越清晰的瞬间影像，这从一个侧面说明，曝光补偿数值发生变化时，会影响到画面的动态效果。

曝光控制 EV 步长

Nikon D5500 默认的曝光调节步长是 1/3 步长，以便于进行精细的曝光调节，如快门速度从 1/100s 提高至 1/125s 即是 1/3 步长。

但当调整的曝光参数数值跨度较大时，如若仍使用 1/3 步长进行调节，则需要转动多次指令拨盘才可以达到目的，此时就可以通过"曝光控制 EV 步长"菜单将其步长值修改为 1/2 步长。

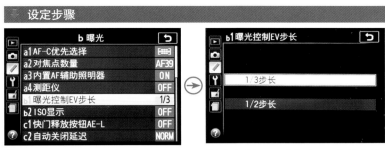

① 进入**自定义设定**菜单，点击选择 b **曝光**中的 b1 **曝光控制** EV **步长**选项

② 点击选择 1/3 **步长**或 1/2 **步长**选项

	快门速度变化规律（秒）	光圈值变化规律（f/）	曝光补偿变化规律
1/3 步长	1/50、1/60、1/80、1/100、1/125、1/160……	2.8、3.2、3.5、4、5.6……	0.3（1/3EV）、0.7（2/3EV）、1（1EV）
1/2 步长	1/45、1/60、1/90、1/125、1/180、1/250……	2.8、3.3、4、4.8、5.6、6.7、8……	0.5（1/2EV）、1（1EV）

▲ 在拍摄这张照片时，为了获得层次丰富、影调细腻的画面效果，摄影师将"曝光控制 EV 步长"设置为"1/3 步长"，因此在曝光控制方面可以更加精准 『焦距：18mm ┊ 光圈：F10 ┊ 快门速度：1/10s ┊ 感光度：ISO100』

利用自动包围提高拍摄成功率

自动包围设定是在每次拍摄中自动微调曝光、白平衡或动态 D-Lighting(ADL) 设定，并且"包围"当前值。在自身技术水平有限、拍摄的场景光线复杂且没有足够的时间在每次拍摄中检查效果及调整设定时，或者需要对同一个拍摄对象尝试不同的设定时，可以选择此功能来提高拍摄的成功率。

设置自动包围曝光

默认情况下，选择"自动曝光包围"选项时，则可以拍摄 3 张不同曝光量的照片（按 3 次快门或使用连拍功能），即得到增加曝光量、正常曝光量和减少曝光量 3 种不同曝光结果的照片。选择"白平衡包围"选项时，则可以拍摄 3 张不同白平衡效果的图像，一张为当前白平衡设定下的副本，另外两张分别是增加琥珀色和蓝色效果的照片。选择"动态 D-Lighting 包围"选项时，则可以在动态 D-Lighting 被关闭和当前设定状态下各拍摄一张照片。

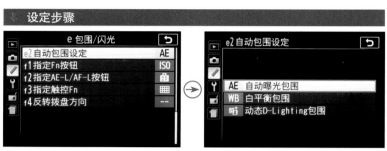

❶ 进入**自定义设定**菜单，点击选择 e **包围 / 闪光**中的 e2 **自动包围设定**选项

❷ 点击选择自动包围的方式

▼ 利用"白平衡包围选项"拍摄清晨时分的海面，获得了蓝调效果的画面，渲染出清晨时 幽静、清冷的气氛『焦距：20mm ┊ 光圈：F18 ┊ 快门速度：32s ┊ 感光度：ISO100』

多拍优选获得最理想的曝光结果

　　自动包围曝光的作用之一，就是当不能确定当前的曝光是否准确时，为了保险起见，使用该功能（按3次快门或使用连拍功能）拍摄增加曝光量、正常曝光量以及减少曝光量3种不同曝光结果的照片，然后再从中选择出比较满意的照片。

▲ 遇到这种光线不错的雪景时，为了避免因繁琐地设置曝光参数而错失拍摄良机，可以使用包围曝光功能，分别拍摄 -0.7EV、+0EV、+0.7EV 3张照片。未做曝光补偿时拍摄的画面看起来灰蒙蒙的，降低0.7EV挡曝光补偿时拍摄的画面背景看起来有不错的表现，而增加0.7EV挡曝光补偿时拍摄的画面看上去更加干净、通透

为合成 HDR 照片拍摄素材

　　在风光、建筑摄影中，使用包围曝光拍摄的不同曝光效果的照片，还可以作为合成 HDR 照片的素材，从而得到高光、中间调及暗调都具有丰富细节的照片。

『焦距：28mm ┊ 光圈：F10 ┊ 快门速度：1/3s ┊ 感光度：ISO100』

▲ 正常曝光量

▲ 减少曝光量

▲ 增加曝光量

利用曝光锁定功能锁定曝光值

　　曝光锁定，顾名思义是指将画面中某个特定区域的曝光值锁定，并以此曝光值对场景进行曝光。当光线复杂而主体不在画面中央位置的时候，需要先对主体进行测光，然后将曝光值锁定，再进行重新构图和拍摄。下面以拍摄人像为例讲解其操作方法。

❶ 使用长焦镜头或者靠近人物，使人物脸部充满画面，半按快门得到曝光参数，按住 AE-L/AF-L 按钮，这时相机上会显示 AE-L 指示标记，表示此时的曝光值已被锁定。

❷ 在曝光锁定标记亮起的情况下，通过改变相机的焦距或者改变和被摄者之间的距离进行重新构图后，半按快门对人物眼部对焦，合焦后完全按下快门完成拍摄。

▶ 操作方法
按住相机背面的 AE-L/AF-L 按钮即可锁定曝光。

▲ 由于拍摄时距离主体较远，使用镜头的长焦端针对模特的皮肤进行测光并将曝光值锁定，再使用中焦端重新构图拍摄，即可获得正确曝光的画面

▲ 瓢虫的体积很小，很难对其进行精确测光，因此在同样的环境中对 18% 的灰板进行测光后将曝光值锁定，再对瓢虫进行构图和拍摄，从而获得了较为准确的曝光，并很好地还原了瓢虫本身的色彩『焦距：105mm ┊光圈：F5.6 ┊快门速度：1/2500s ┊感光度：ISO400』

 高手点拨：当拍摄环境光线复杂或主体较小时，也可以使用曝光锁定并配合代测法来保证主体的正常曝光。方法是将相机对准相同光照条件下的代测物体进行测光，如人的面部、反光率为18%的灰板、人的手背等，然后将曝光值锁定，再进行重新构图和拍摄。

指定 AE-L/AF-L 按钮的功能

"指定 AE-L/AF-L 按钮"菜单用于选择 AE-L/AF-L 按钮所执行的功能，在此可以定义按下此按钮是锁定曝光还是锁定对焦。

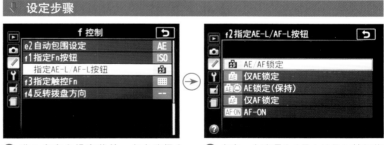

❶ 进入**自定义设定**菜单，点击选择 f **控制**中的 f2 **指定** AE-L/AF-L **按钮**选项

❷ 点击一个选项为 AE-L/AF-L 按钮指定功能

● AE/AF 锁定：选择此选项，则按住 AE-L/AF-L 按钮时，对焦和曝光均被锁定。

● 仅 AE 锁定：选择此选项，则按住 AE-L/AF-L 按钮时，仅曝光被锁定。

● AE 锁定（保持）：选择此选项，则按住 AE-L/AF-L 按钮时，曝光被锁定并保持锁定，直至再次按下该按钮或自动关闭延迟时间被耗尽为止。

● 仅 AF 锁定：选择此选项，则按住 AE-L/AF-L 按钮时，对焦被锁定。

● AF-ON：选择此选项，则按下 AE-L/AF-L 按钮可启动自动对焦。快门释放按钮无法用于对焦。

▼ 为了将人物拍摄成为剪影，先对准天空较亮的部分进行测光，再按下 AE-L/AF-L 按钮锁定曝光，然后重新构图完成拍摄『焦距：56mm ┊ 光圈：F20 ┊ 快门速度：1/15s ┊ 感光度：ISO100』

利用动态 D-Lighting 使画面细节更丰富

在拍摄光比较大的画面时容易丢失细节，当亮部过亮、暗部过暗或明暗反差较大时，启用"动态D-Lighting"功能可以进行不同程度的校正。

例如，在直射明亮阳光下拍摄时，拍出的照片中容易出现较暗的阴影与较亮的高光区域，启用"动态D-Lighting"功能，可以确保所拍摄照片中的高光和阴影区域的细节不会丢失，因为此功能会使照片的曝光稍欠一些，有助于防止照片的高光区域完全变白而显示不出任何细节，同时还能够避免因为曝光不足而使阴影区域中的细节丢失。

该功能与矩阵测光一起使用时，效果最为明显。若选择了"自动"选项，相机将根据拍摄环境自动调整动态 D-Lighting。

设定步骤

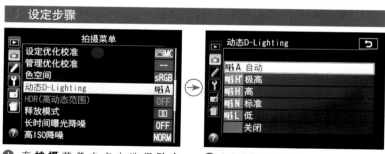

❶ 在 **拍摄** 菜单中点击选择 **动态 D-Lighting** 选项

❷ 点击选择所需选项

关闭

高

关闭

高

通过对比开启和关闭"动态 D-Lighting"功能时拍摄的照片可以看出，将"动态 D-Lighting"设为"高"时高光得到了抑制，阴影部分也得到了提亮『焦距：18mm｜光圈：F9｜快门速度：1/60s｜感光度：ISO200』

内置闪光灯闪光控制

内置闪光灯不仅可用于自然光不足时为拍摄对象补光，还可用于填充阴影、照亮背光对象，或为被摄人物补充漂亮的眼神光。

在"内置闪光灯闪光控制"菜单中可以选择"TTL"和"手动"选项。

▲ Nikon D5500 内置闪光灯开启时的状态

设定步骤

❶ 进入**自定义设定**菜单，点击选择 e **包围 / 闪光**中的 e1 **内置闪光灯闪光控制**选项

❷ 点击选择 TTL 或**手动**选项

● TTL：选择此选项，将根据拍摄环境自动调整闪光量。

● 手动：选择此选项，可在"全光"至"1/32"（全光的 1/32）之间选择闪光级别。在全光级别下，内置闪光灯的闪光指数为 12。

▼ 将"内置闪光灯闪光控制"设置为"TTL"时拍摄的照片，人物得到了很好的补光，其皮肤显得更加白净、细腻『焦距：135mm ┊ 光圈：F3.5 ┊ 快门速度：1/200s ┊ 感光度：ISO200』

内置闪光灯闪光模式

Nikon D5500 的内置闪光灯提供了自动、自动＋防红眼、自动慢同步、自动慢同步＋防红眼、补充闪光、防红眼、慢同步、慢同步＋红眼、后帘同步＋慢同步、后帘同步等多种闪光模式，但在不同的拍摄模式下，可选用的闪光模式也不尽相同。

例如，当使用 P 挡程序自动及 A 挡光圈优先模式时，可以选择补充闪光、防红眼、慢同步＋防红眼、慢同步、后帘同步＋慢同步五种闪光模式；但当使用 S 挡快门优先及 M 挡全手动模式时，只能够选择补充闪光、防红眼、后帘同步三种闪光模式。

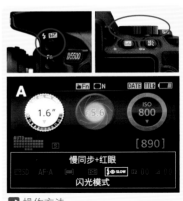

▶ 操作方法

在闪光灯弹起的情况下，按住 ⚡ （⚡⚡） 按钮，然后转动指令拨盘选择所需的闪光模式。

自动闪光模式 ⚡AUTO

自动闪光模式是相机默认的闪光模式。在拍摄时，如果拍摄现场的光线较暗，相机内定的光圈与快门速度组合不能满足现场光的拍摄要求时，内置闪光灯便会自动闪光。

这种闪光模式在大多数情况下都是适用的，但当背景很亮而人物主体较暗的时候，相机不会开启自动闪光模式，从而会导致主体人物曝光不足。

防红眼闪光模式 ⚡👁

使用闪光灯拍摄人像时，很容易产生"红眼"现象（即被摄人物的眼珠发红）。这是由于在暗光条件下，人的瞳孔处于较大的状态，在突然的强光照射下，视网膜后的血管被拍摄下来而产生"红眼"现象。

防红眼闪光模式的功能是，防红眼灯将在闪光灯闪光前点亮，使被摄者的瞳孔自动缩小，然后再正式闪光拍照，这样即可避免或减轻"红眼"现象。

关闭闪光模式 🚫

当受到环境限制不能使用闪光灯，或不希望使用闪光灯时，可选择关闭闪光模式。例如，在拍摄野生动物时，为了避免野生动物受到惊吓，应选择关闭闪光模式。在拍摄 1 岁以下的婴儿时，为了避免伤害到婴儿的眼睛，应禁止使用闪光灯。

另外，在拍摄舞台剧、会议、体育赛事、宗教场所、博物馆等题材时，也应该关闭闪光灯。

后帘同步闪光模式 ⚡REAR

使用此闪光模式时，闪光灯将在快门被关闭之前进行闪光，因此，当进行长时间曝光形成光线拖尾时，此模式可以让拍摄对象出现在光线的上方。若未显示此图标，则闪光灯将在开启时闪光，即为前帘同步，此时拍摄移动的光源时被摄对象会出现在光线的下方。

▲ 在后帘同步闪光模式下，使用较慢的快门速度拍摄，模特将出现在光线的上方『焦距：50mm ┊ 光圈：F5 ┊ 快门速度：1/80s ┊ 感光度：ISO400』

◀当后帘同步闪光模式图标未显示时，拍摄处于移动车流旁的模特时，模特将出现在光线的下方『焦距：50mm ┊ 光圈：F5 ┊ 快门速度：1/100s ┊ 感光度：ISO200』

慢同步闪光模式 ⚡SLOW

在夜间拍摄人像时，使用自动闪光模式、防红眼闪光模式、关闭闪光模式都会出现主体人物曝光准确，而背景却一片漆黑的现象。而使用慢同步闪光模式时，相机在闪光的同时会设定较慢的快门速度，使主体人物身后的背景也能够获得充分曝光。

▲ 使用慢同步闪光模式拍摄时，不仅可以使前景中的模特有很好的表现，就连背景中漂亮的灯光也能获得很好的效果，从而使拍摄出来的照片更自然、真实『焦距：85mm ┊ 光圈：F3.2 ┊ 快门速度：1/40s ┊ 感光度：ISO400』

直接拍摄出精美的 HDR 照片

Nikon D5500 具有直接拍摄出 HDR 效果照片的功能，其原理是先拍摄出不同曝光量的照片，然后由相机根据这些照片自动合成为暗调和高光区域均能够显示出清晰细节的高动态范围照片。

在"HDR（高动态范围）"菜单中，可以设置是否开启 HDR 模式以及照片明暗动态范围的比例。

❶ 在**拍摄**菜单中点击选择 HDR（**高动态范围**）选项

❷ 点击选择所需选项

Q：什 么 是 HDR 照片？

A：HDR 是 英 文 High-Dynamic Range 的缩写，意为"高动态范围"。在摄影中，高动态范围指的就是高宽容度，因此 HDR 照片就是具有高宽容度的照片。HDR 照片的典型特点是亮的地方非常亮、暗的地方非常暗，但无论是亮部还是暗部，都有很丰富的细节。

▶ 此照片在拍摄时使用了 HDR 功能，画面中无论最暗部还是最亮部都有丰富的细节『焦距：17mm ┊ 光圈：F16 ┊ 快门速度：1/4s ┊ 感光度：ISO100』

在 Photoshop 中进行 HDR 合成

虽然，Nikon D5500 具有直接拍摄 HDR 照片的功能，但由于可控参数较少，因此得到的效果有时并不能够令人满意。而采取先进行包围曝光拍摄，再利用后期处理软件合成 HDR 照片的方法，由于可控性很高，因此是获得漂亮、精彩 HDR 照片的首选方法。

下面将通过一个实例来讲解在 Photoshop 中合成 HDR 照片的操作方法。

❶ 分别打开要合成 HDR 的 3 张照片。在本例中，将使用前面拍摄得到的 3 张素材照片进行 HDR 合成。

❷ 选择"文件"｜"自动"｜"合并到 HDR Pro"命令，在弹出的对话框中单击"添加打开的文件"按钮。

❸ 单击"确定"按钮退出对话框，在弹出的提示框中直接单击"确定"按钮退出，数秒后弹出"手动设置曝光值"对话框（根据所使用的软件版本不同，也有可能不会弹出此对话框），单击向右 ▷ 按钮，使上方的预览图像为"素材 3"，然后设置"EV"的数值。

❹ 按照上一步的操作方法，通过单击向左 ◁ 或向右 ▷ 按钮，设置"素材 2"和"素材 1"的"EV"数值分别为 0.3 和 1，单击"确定"按钮退出，弹出"合并到 HDR Pro"对话框。

❺ 根据需要在"合并到 HDR Pro"对话框中设置"半径""强度"等参数，单击"确定"按钮。

▲ "合并到 HDR Pro"对话框

▲ 手动设置曝光值

▲ 通过 HDR 合成得到的风光照片，亮部和暗部的细节都很丰富，同时色彩变得更浓郁了

▲ HDR 参数设置

 高手点拨：除了使用Photoshop外，还可以使用以下软件制作HDR照片，如Photomatix、QuickHDR、Dynamic Photo HDR等专业软件。

『焦距：22mm ┊ 光圈：F8 ┊ 快门速度：15s ┊ 感光度：ISO200』

Chapter

06

不可忽视的即时取景
与视频拍摄功能

光学取景器拍摄与即时取景显示拍摄原理

数码单反相机有两种拍摄方式：一种方式是使用光学取景器拍摄的传统方法，另一种方式是使用即时取景显示模式进行拍摄。即时取景显示拍摄的最大变化是将显示屏作为取景器，而且还使实时面部优先自动对焦和通过手动进行精确对焦成为可能。

光学取景器拍摄原理

光学取景器拍摄是指摄影师通过数码相机上方的光学取景器观察景物进行拍摄的过程。

光学取景器拍摄的工作原理是：光线通过镜头射入机身内部的反光镜上，然后反光镜把光线反射到五面镜上，拍摄者通过五面镜反射回来的光线可直接查看被摄对象。因为采用这种方式拍摄时，人眼看到的景物和相机看到的景物基本上是一致的，所以误差较小。

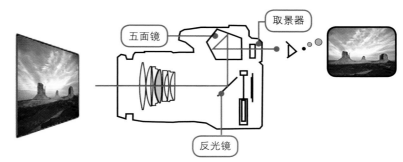

▲ 光学取景器拍摄原理示意图

即时取景显示拍摄原理

即时取景显示拍摄是指摄影师通过数码相机上的显示屏观察景物进行拍摄的过程。

其工作原理是：当位于镜头和图像感应器之间的反光镜处于抬起状态时，光线通过镜头后，直接射向图像感应器，图像感应器把捕捉到的光线作为图像数据传送至显示屏，并且在显示屏上进行显示。采用这种显示模式拍摄时，有利于摄影师对各种设置进行调整和模拟曝光。

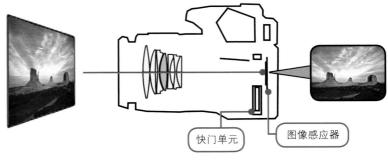

▲ 即时取景显示拍摄原理示意图

即时取景显示拍摄的特点

能够使用更大的屏幕进行观察

　　即时取景显示拍摄能够直接将显示屏当作取景器使用，由于显示屏的尺寸比光学取景器要大很多，所以能够显示视野率100%的清晰图像，从而可以更加方便地观察被摄景物的细节。在拍摄时摄影师也不用再将眼睛紧贴着相机，构图将变得更加方便。

易于精确合焦以保证照片更清晰

　　由于采用即时取景显示模式拍摄时可以将对焦点位置的图像放大，所以拍摄者在拍摄前就可以确定照片的对焦点是否准确，从而保证拍摄出的照片更加清晰。

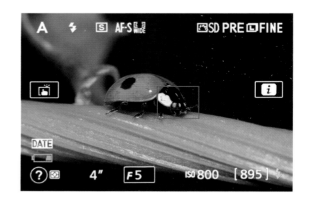

▶ 以蝴蝶的头部作为对焦点，对焦时放大观察蝴蝶的头部，从而拍摄出清晰的照片

具有实时面部优先拍摄的功能

　　即时取景显示拍摄具有实时面部优先模式的功能，当使用此模式拍摄时，相机能够自动检测画面中人物的面部，并且对人物的面部进行对焦，对焦时会显示对焦框。如果相机侦测到多张脸，相机会首先对焦于距离相机最近的拍摄对象。如果需要改变对焦点拍摄其他对象（例如当前场景中的人物并不是重要的拍摄对象），可以向上、下、左、右按下多重选择器，以移动对焦点至希望拍摄的对象上。

▶ 使用实时面部优先模式，能够轻松地拍摄出面部清晰的人像

能够对拍摄的图像进行曝光模拟

　　使用即时取景显示模式拍摄时，不但可以通过显示屏查看被摄景物，而且还能够在显示屏上反映出不同参数设置带来的明暗和色彩变化。例如，可以通过设置不同的白平衡模式并观察画面色彩的变化，然后从中选出最合适的白平衡模式。这种所见即所得的白平衡选择方式，最适合入门级摄影爱好者使用，可以更加直观地感受到不同的白平衡对画面色调的影响。

▶ 在显示屏上进行白平衡调节时，画面的颜色会随之改变

即时取景显示拍摄相关参数查看与设置

使用 Nikon D5500 的即时取景显示模式拍摄照片较为简单，首先，我们需要在确认打开相机的情况下，向下拨动即时取景开关，即可进入即时取景状态。在设置适当的拍摄参数后，半按快门进行对焦，完全按下快门即可拍摄静态照片。

▶ 操作方法

向下拨动即时取景开关，即可进入即时取景状态。

信息设置

在即时取景状态下，显示屏中会显示拍摄参数信息，下图标注了各图标或数字代表的拍摄参数名称。

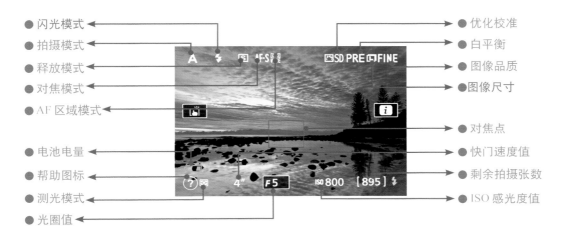

- 闪光模式
- 拍摄模式
- 释放模式
- 对焦模式
- AF 区域模式
- 电池电量
- 帮助图标
- 测光模式
- 光圈值

- 优化校准
- 白平衡
- 图像品质
- 图像尺寸
- 对焦点
- 快门速度值
- 剩余拍摄张数
- ISO 感光度值

对于拍摄模式、光圈、快门速度等参数而言，与使用取景器拍摄照片时的设置方法基本相同，故此处不再赘述。

连续按下 info 按钮，可以在不同的信息显示内容之间进行切换，从而以不同的取景模式进行显示。

▲ 在详细显示模式下，可以显示大量拍摄参数

▲ 在动画指示模式下，将显示可录制动画的时间及录音指示

▲ 在隐藏模式下，将不显示参数

▲ 在取景网格模式下，可以显示一种取景网格，以便于我们进行水平或垂直构图校正

▲ 在基本显示模式下，仅在显示屏的底部显示基本参数

自动对焦模式

Nikon D5500 在即时取景状态下提供了自动对焦和手动对焦两种对焦模式，其中自动对焦又可分为 AF-S 单次伺服自动对焦、AF-F 全时伺服自动对焦两种。

对焦模式	功　能
AF-S 单次伺服自动对焦	此模式适用于拍摄静态对象，半按快门释放按钮可以锁定对焦
AF-F 全时伺服自动对焦	此模式适用于拍摄移动的对象。相机将连续进行对焦直至按下快门释放按钮。半按快门释放按钮时对焦被锁定
MF 手动对焦	在进行手动对焦时，可旋转镜头对焦环直至拍摄对象清晰对焦

▶ 操作方法

在即时取景状态下，点击屏幕右中间的 i 图标，点击选择对焦模式图标，显示 AF-S、AF-F 或 MF 选项，选择其中一个选项即可。

AF 区域模式

在即时取景状态下可选择以下 4 种 AF 区域模式。无论使用哪种区域模式，都可以使用多重选择器移动对焦点的位置。

AF 区域模式	功　能
🔲脸部优先	相机自动侦测并对焦于面向相机的人物脸部，适用于人像拍摄
宽区域	适用于以手持方式拍摄风景和其他非人物对象，可使用多重选择器选择对焦点
标准区域	适用于精确对焦于画面中的所选点。推荐使用三脚架
对象跟踪	可跟踪画面中移动的拍摄对象

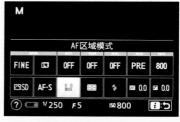

▶ 操作方法

在即时取景状态下，点击屏幕右中间的 i 图标，在显示屏中点击选择 AF 区域模式图标，显示**脸部优先 AF** 🔲、**宽区域 AF**、**标准区域 AF**、**对象跟踪 AF** 选项，选择其中一个选项即可。

即时取景显示模式典型应用案例

微距摄影

对于微距摄影而言，清晰是评判照片是否成功的标准之一。由于微距照片的景深都很浅，所以，在进行微距摄影时，对焦是决定照片成功与否的关键因素。

为了保证焦点清晰，比较稳妥的对焦方法是把焦点位置的图像放大后，调整最终的合焦位置，然后释放快门。这种把焦点位置图像放大的方法，在使用即时取景显示模式拍摄时可以很轻易实现。

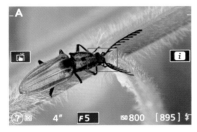

▲ 使用即时取景显示模式拍摄时显示屏的显示状态

▲ 按下放大按钮后，显示屏右下角的方框中将出现导航窗口

▲ 继续按下放大按钮，显示屏中的图像会再次被放大，显示倍率最大可放大至 8.3 倍

商品摄影

商品摄影对图片质量的要求都非常高，照片中焦点的位置、清晰的范围以及画面的明暗都应该是摄影师认真考虑的，这些都需要经过耐心调试和准确控制来获得。使用即时取景显示模式拍摄时，拍摄前就可以预览拍摄完成后的效果，所以可以更好地控制照片的细节。

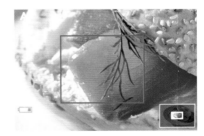

▲ 为了将美食的细节及质感表现得更好，使用了实时取景显示模式进行拍摄，并通过放大对焦的方法进行准确对焦

人像摄影

拍出有神韵人像的秘诀是对焦于被摄者的眼睛，以便使眼睛在画面中是最清晰的。使用光学取景器拍摄时，由于对焦点较小，因此，如果拍摄的是全景人像，可能会由于模特的眼睛在画面中所占的面积较小，而造成对焦点偏移，最终导致画面中最清晰的位置不是眼睛，而是眉毛或眼袋等位置。

如果使用即时取景显示模式拍摄，则出错的概率要小许多，因为在拍摄时可以通过放大画面仔细观察对焦位置是否正确。

▲ 利用即时取景显示模式拍摄，可以将人物的眼睛拍得非常清晰『焦距：50mm ┊ 光圈：F2.8 ┊ 快门速度：1/320s ┊ 感光度：ISO100』

  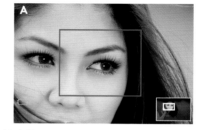

▲ 在拍摄人像时，人物的眼睛一般都会成为焦点，使用对焦放大功能可以确保眼睛足够清晰

了解视频格式标准

Nikon D5500 具有高清视频拍摄功能，而且还能够动态追焦，使被摄对象在画面中始终保持清晰状态。用数码单反相机拍摄微电影或广告，也已经成为一种风潮或时尚。

在讲解如何使用 Nikon D5500 相机拍摄视频之前，有必要对视频的基本格式进行简单介绍，即标准、高清与全高清分别是什么意思。标清、高清与全高清的概念源于数字电视的工业标准，但随着使用摄像机、数码相机拍摄的视频逐渐增多，其渐渐已成为这两个行业的视频格式标准。

标清是指物理分辨率在 720p（1280×720）以下的一种视频格式，分辨率在 400 线左右的 VCD、DVD、电视节目等均属于"标清"格式视频。

物理分辨率达到 720p 以上的视频则称为高清，简称为 HD。高清的标准是视频垂直分辨率超过 720p 或 1080i，视频宽纵比为 16:9。

所谓全高清（FULL HD），是指物理分辨率达到 1920×1080 的视频（包括 1080i 和 1080p），其中 i（interlace）是指隔行扫描，p（Progressive）代表逐行扫描，这两者在画面的精细度上有着很大的差别，1080p 的画质要胜过 1080i。

拍摄动画的基本流程

Nikon D5500 具有高清视频拍摄功能，其拥有的全手动曝光、手动音频增益设置、跟踪追焦拍摄等功能，可以保证拍出动画的画质是非常优秀的。

要拍摄视频短片，需要在即时取景状态下进行操作，下面列出的是一个基本的拍摄流程。

❶ 在相机开启状态下，向下拨动即时取景开关，反光板将弹起且镜头视野将出现在相机显示屏中。

❷ 半按快门对要拍摄的对象进行对焦。

❸ 按下动画录制按钮，即可开始录制短片，此时在屏幕上方会显示一个红色的圆点，表示当前正在录制短片。

❹ 再次按下动画录制按钮可结束录制，如果当前录制的视频时间长度达到最大时间长度 29 分 59 秒或达到最大文件容量 4GB，又或者存储卡已满，录制将自动结束。

▲ 向下拨动即时取景开关

▲ 录制视频

高清视频拍摄时的对焦操作

手动变焦使动画更加丰富多彩

在拍摄短片时，变焦的操作方法与拍摄照片时相同，但在拍摄时要特别注意，拧动变焦环时有可能引起相机的晃动，因此最好配合使用三脚架，以保持相机的稳定。另外，拍摄视频时变焦前的画面和变焦后的画面不是两张独立的照片，它们会和变焦过程中的一系列动画形成一段完整的视频，所以在变焦时一定要注意用力均匀，以保证画面过渡平稳。

▲ 左图是变焦前的照片，右图是变焦过程中截取的照片，因为变焦速度较慢，所以得到的画面是非常清晰的

手动对焦选择清晰点的位置

虽然 Nikon D5500 提供了自动对焦功能，但在拍摄短片时，它的对焦性能并没有专业摄像机那么灵敏、好用，而是需要按下相机上的快门按钮才能够进行自动对焦，而且对焦速度还有待提高。因此，在实际拍摄短片时，使用手动对焦方式可以使对焦更容易掌控。

▲ 在进行手动对焦的过程中，画面中的清晰点（黄框标示的位置）不断发生变化

设置拍摄短片相关参数

画面尺寸 / 帧频

在"画面尺寸 / 帧频"菜单中可以选择短片的画面尺寸、帧频，选择不同的画面尺寸拍摄时，所获得的视频清晰度不同，占用的空间也不同。Nikon D5500 支持的画面尺寸和帧频见右表。

画面尺寸 / 帧频		最长拍摄时间（高品质 / 标准）
画面尺寸（像素）	帧频	
1920×1080	60p	10分/20分
	50p	
	30p	20分/29分59秒
	25p	
	24p	
1280×720	60p	
	50p	
640×424	30p	29分59秒/29分59秒
	25p	

设定步骤

❶ 点击选择**拍摄**菜单中的**动画设定**选项　❷ 点击选择**画面尺寸 / 帧频**选项　❸ 点击选择不同的画面尺寸和帧频

动画品质

Nikon D5500 提供了"高品质"和"标准"两种动画品质，使用"高品质"和"标准"品质拍摄时，单个动画的最长录制时间分别为 20 分钟和 29 分 59 秒 (若在画面尺寸 / 帧频菜单中选择了 640×424 选项，则高品质的最长录制时间可达到 29 分 59 秒)。当录制时间达到最长录制时间后，相机会自动停止摄像，这时最好让相机冷却一会再开始下一次录像，以免相机感光元件过热而损坏相机。

设定步骤

❶ 点击选择**拍摄**菜单中的**动画设定**选项，然后再点击选择**动画品质**选项　❷ 点击选择**高品质**或**标准**选项

麦克风录音灵敏度

使用相机内置麦克风可录制单声道声音，通过将带有立体声微型插头（ME-1）的外接麦克风连接至相机，则可以录制立体声，然后配合"麦克风"菜单中的参数设置，可以实现多样化的录音控制。

❶ 点击选择**麦克风**选项　　❷ 点击选择**自动灵敏度**选项　　❸ 若在步骤❷中选择**手动灵敏度**选项，点击▲或▼方向图标就可以手工设置麦克风的录音灵敏度

● 自动灵敏度：选择此选项，则相机会自动调整灵敏度。
● 手动灵敏度：选择此选项，可以手动调节麦克风的灵敏度。
● 麦克风关闭：选择此选项，则关闭麦克风。

手动动画设定

当采用 M 挡全手动模式拍摄短片时，在"手动动画设定"中选择"开启"选项，可手动调整快门速度和 IOS 感光度。最高快门速度可设为 1/4000s；可用最低快门速度则根据帧频的不同而异，帧频为 24p、25p 或 30p 时为 1/30s，帧频为 50p 时为 1/50s，帧频为 60p 时则为 1/60s。

当即时取景开始时，若快门速度不在上述范围之内，将被自动设为所支持的数值，并且在即时取景结束时仍将保持这些值。

需要注意的是，ISO 感光度将被固定为所选数值，当在"ISO 感光度设定"菜单中将"自动 ISO 感光度控制"设为"开启"时，相机不会自动调整 ISO 感光度。

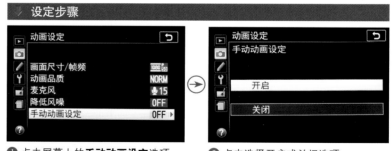

❶ 点击屏幕上的**手动动画设定**选项　　❷ 点击选择开启或关闭选项

浏览动画

按下相机上的播放按钮进入浏览界面，通过多重选择器上的◀或▶方向键选择需要浏览的动画，当出现动画时显示屏中会出现视频的标志，按下 ⓄⓀ 按钮即可开始播放动画。控制动画播放的操作方法见下表。

目 的	操 作	说 明
暂停		暂停播放
播放	ⓄⓀ	在动画暂停时或者快退/快进期间恢复播放
快退/快进		每按一下可使播放速度加快2倍、4倍、8倍、16倍；按住则可跳至动画开始或末尾（在显示屏的右上角，第一帧画面以▶标示，最后一帧画面以◀标示）。当播放暂停时，每按一下可使动画后退或前进一帧画面；按住则可持续后退或前进
跳跃10秒		旋转指令拨盘可向前或向后跳动10秒
调整音量	⚲/⚲⊠（?）	按下⚲可提高音量，按下⚲⊠（?）则降低音量
退出全屏播放		按下▲或▶可退出全屏播放
返回拍摄模式		半按快门释放按钮可返回拍摄模式，显示屏将被关闭；可立即拍摄照片

拍摄短片的注意事项

项 目	说 明
最长短片拍摄时间	最长拍摄时间为29分59秒，一次录制时间超过此限制时，相机将自动停止拍摄
单个文件大小	最大不能超过4G，否则相机将自动停止拍摄
选择拍摄模式	如在短片拍摄过程中切换拍摄模式，录制将被强制中断
对焦	在短片拍摄时，若使用AF-F全时伺服自动对焦模式，则可以实现连续自动对焦，但并非完全准确，受拍摄环境的影响，有些时候可能会出现无法连续自动对焦的情况
闪光灯	在拍摄短片时，无法使用外置闪光灯进行补光
录制短片时拍摄照片	在录制短片的同时，可以完全按下快门进行照片拍摄。但在按下快门的同时，即退出短片拍摄模式，而进入即时取景的静态照片拍摄模式
锁定曝光/对焦	在拍摄短片时，可以根据对AE-L/AF-L按钮进行的功能设定，来锁定曝光、对焦或同时锁定二者
不要对着太阳拍摄	高亮度的太阳可能会导致感光元件的损坏
噪点	周围温度较高、长时间在即时取景状态下使用、长时间用于录制动画以及长时间在连拍模式下工作都容易产生噪点

『焦距：85mm ┊ 光圈：F2 ┊ 快门速度：1/400s ┊ 感光度：ISO400』

Chapter 07

Nikon D5500 镜头选择
及使用技巧

AF 镜头名称解读

简单来说，AF 镜头即指可实现自动对焦的尼康镜头，也称为 AF 卡口镜头。除此之外，尼康镜头名称中还包括了很多数字和字母，这些数字和字母都有特定的含义，熟记这些数字和字母代表的含义，就能很快地了解一款镜头的性能。

AF-S 70-200mm F2.8 G IF ED VR Ⅱ

❶　　　　　　**❷**　　　　　　**❸**　　　　　　**❹**

❶ 镜头种类

AF

此标识表示适用于尼康相机的 AF 卡口自动对焦镜头。早期的镜头产品中还有 Ai 这样的手动对焦镜头标识，目前已经很少看到了。

❷ 焦距

表示镜头焦距的数值。定焦镜头采用单一数值表示，变焦镜头分别标记焦距范围两端的数值。

❸ 最大光圈

表示镜头最大光圈的数值。定焦镜头采用单一数值表示，变焦镜头中光圈不随焦距变化而变化的采用单一数值表示，随焦距变化而变化的镜头，分别表示广角端和远摄端的最大光圈。

若此处只有一个数值，则代表该镜头在任何焦距下都拥有相同的光圈，而此类镜头的售价往往都很高。

❹ 镜头特性

D/G

带有 D 标识的镜头可以向机身传递距离信息，早期常用于配合闪光灯来实现更准确的闪光补偿，同时还支持尼康独家的 3D 矩阵测光功能，在镜身上同时带有对焦环和光圈环。

G 型镜头与 D 型镜头的最大区别就在于，G 型镜头没有光圈环，同时，得益于镜头制造工艺的不断进步，G 型镜头拥有更高素质的镜片，因此在成像性能上更有优势。

IF

IF 是 Internal Focusing 的缩写，指内对焦技术。此技术简化了镜头结构而使镜头的体积和重量都大幅度下降，甚至有的超远摄镜头也能手持拍摄，调焦也更快、更容易。另外，由于在对焦时前组镜片不会发生转动，因此在使用滤镜，尤其是有方向限制的偏振镜或渐变镜时会感到非常方便。

ED

ED 为 Extra-low Dispersion 的缩写，指超低色散镜片。加入了这种镜片后，可以使镜头既拥有锐利的色彩效果，又可以降低色差以进行色彩纠正，并使影像不会出现色散的现象。

DX

印有 DX 字样的镜头是专为尼康 APS-C 画幅数码单反相机而设计的，这种镜头在设计时就已经考虑了感光元件的画幅问题，并在成像、色散等方面进行了优化处理，可谓是量身打造的专属镜头类型。

VR

VR 即 Vibration Reduction，是尼康对于防抖技术的称谓，并已经在主流及高端镜头上得到了广泛的应用。在开启 VR 时，通常在低于安全快门速度 3~4 挡的情况下也能实现成功拍摄。

SWM（-S）

SWM 即 Silent Wave Motor 的缩写，代表该镜头搭载了超声波马达，其特点是对焦速度快，可全时手动对焦且对焦安静，这甚至比相机本身提供的驱动马达更加强劲、好用。

在尼康镜头中，很少直接看到该缩写，通常表示为 AF-S，表示该镜头是带有超声波马达的镜头。

鱼眼（Fisheye）

表示对角线视角 180°（全画幅时）的鱼眼镜头。之所以称之为鱼眼，是因为其特性接近于鱼从水中看陆地的视野。

Micro

表示这是一款微距镜头。通常将最大放大倍率在 0.5 至 1 倍（等倍）范围内的镜头称为微距镜头。

ASP

ASP 为 Aspherical lens elements 的缩写，指非球面镜片组件。使用这种镜片的镜头，即使在使用最大光圈时，仍能获得较佳的成像质量。

Ⅱ、Ⅲ

镜头基本上采用相同的光学结构，仅在细节上有微小差异时，添加该标记。Ⅱ、Ⅲ表示是同一光学结构镜头的第 2 代和第 3 代。

镜头焦距与视角的关系

每款镜头都有其固有的焦距，不同焦距下所拍摄出画面的透视、景深等特性也有很大的区别。例如，使用广角镜头的 14mm 焦距拍摄时，其视角能够达到 114°；而如果使用长焦镜头的 200mm 焦距拍摄时，其视角只有 12°。不同焦距镜头对应的视角如下图所示。由于不同焦距镜头的视角不同，因此，不同焦距镜头适用的拍摄题材也有所不同，比如焦距短、视角宽的广角镜头常用于拍摄风光；而焦距长、视角窄的长焦镜头常用于拍摄体育比赛、鸟类等位于远处的对象。

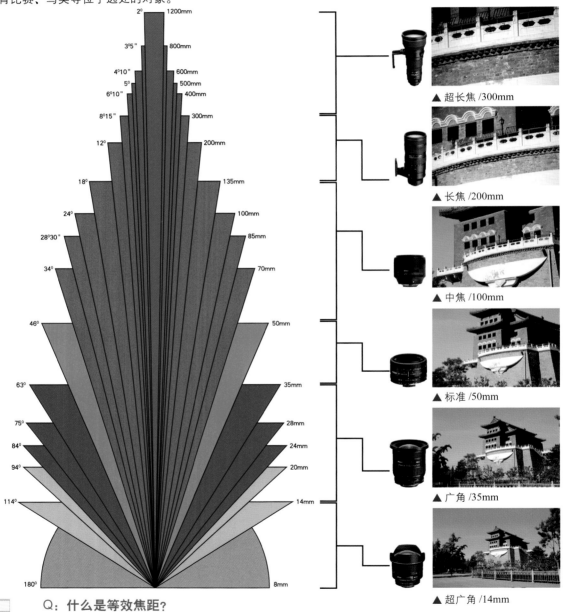

▲ 超长焦 /300mm

▲ 长焦 /200mm

▲ 中焦 /100mm

▲ 标准 /50mm

▲ 广角 /35mm

▲ 超广角 /14mm

Q：什么是等效焦距？

A：所谓等效焦距，是由于非全画幅相机的感光元件尺寸比全画幅相机要小，其视角就会变小（相当于焦距变长），但为了与全画幅相机的焦距数值统一，也为了便于描述，需要通过换算的方式，得到一个等效焦距。尼康 DX 画幅相机的焦距转换系数为 1.5，计算方法是镜头焦距乘以焦距转换系数，因此，如果镜头焦距为 100mm，那么用在 Nikon D5500 上的等效焦距就是 150mm。

定焦与变焦镜头

定焦镜头的焦距不可调节，它拥有光学结构简单、最大光圈很大、成像质量优异等特点，在相同焦段的情况下，定焦镜头往往可以和价值数万元的专业镜头媲美。其缺点是由于焦距不可调节，机动性较差，不利于拍摄时进行灵活的构图。

变焦镜头的焦距可在一定范围内变化，其光学结构复杂、镜片数量较多，使得它的生产成本很高，少数恒定大光圈、成像质量优异的变焦镜头的价格昂贵，通常在万元以上。变焦镜头最大光圈较小，能够达到恒定 F2.8 光圈就已经是顶级镜头了，当然在售价上也是"顶级"的。

变焦镜头的存在，解决了我们为拍摄不同的景别和环境时走来走去的难题，虽然在成像质量以及最大光圈上与定焦镜头相比有所不及，但那只是相对而言，在环境比较苛刻的情况下，变焦镜头确实能为我们提供更大的便利。

▲『焦距：180mm ┊ 光圈：F3.5 ┊ 快门速度：1/320s ┊ 感光度：ISO200』

▲『焦距：175mm ┊ 光圈：F3.5 ┊ 快门速度：1/250s ┊ 感光度：ISO160』

▲『焦距：200mm ┊ 光圈：F3.2 ┊ 快门速度：1/250s ┊ 感光度：ISO160』

▲『焦距：140mm ┊ 光圈：F2.8 ┊ 快门速度：1/160s ┊ 感光度：ISO400』

在这组照片中，摄影师只是在较小的范围内移动，就拍摄到了完全不同景别和环境的照片，这都得益于变焦镜头带来的便利。

标准镜头推荐

AF-S 尼克尔 50mm F1.4 G

这款镜头的前身是 AF-S 尼克尔 50mm F1.4 D ，这款新镜头在光学结构上采用了全新的设计，镜片结构由原来的 6 组 7 片变为现在的 7 组 8 片，多达 9 片的圆形光圈叶片能够保证创造出优美的焦外成像效果，即得到的焦外成像效果更加柔和，而且虚化部分可以形成非常唯美的圆形。

需要注意的是，这款新镜头并不带有尼康最新的纳米镀膜技术，甚至连尼康一向广泛使用的超低色散镜片也没有，因此在色散控制方面的表现较为一般。

总体说来，此镜头的色彩还原真实、携带方便，整体做工较为考究，焦内影像锐利，焦外影像过渡柔和，而且对焦较快，是一款相当不错的"人像镜头"，目前售价为 3200 元左右。

这款镜头的等效焦距为 75mm。

镜片结构	7 组 8 片
光圈叶片数	9
最大光圈	F1.4
最小光圈	F16
最近对焦距离（cm）	45
最大放大倍率	1：7
滤镜尺寸（mm）	58
规格（mm）	73.5×54
重量（g）	280

▼ 『焦距：50mm ┊ 光圈：F2 ┊ 快门速度：1/250s ┊ 感光度：ISO200』

AF-S 尼克尔 24-120mm F4 G ED VR

　　这款镜头是尼康公司于 2010 年发布的新产品，升级自 AF-S 尼克尔 VR 24-120mm F3.5-F5.6 G IF-ED 镜头，仅从镜头参数就可以看出，其最大的升级亮点是光圈从原来的 F3.5~F5.6 升级为恒定的 F4，从而弥补了尼康镜头群中缺少中端恒定光圈镜头的空白。

　　从做工上来讲，这款镜头采用了 9 枚圆形光圈叶片设计，并且还采用了尼康最新研制的 NANO 纳米涂层，无论是焦外虚化，还是成像质量都能得到保证。实际使用表明，该镜头的对焦性能非常突出，即使在弱光环境下，也能拥有非常快的对焦速度，作为一款 5 倍变焦镜头来说，实属难得。

　　当然，毕竟该镜头只是一款中端的恒定 F4 光圈镜头，在一些性能上还是有所不足的，例如在暗角控制上并不得力，成像的锐度也不是特别令人满意。

　　这款镜头的等效焦距为 36~180mm。

镜片结构	13 组 17 片
光圈叶片数	9
最大光圈	F4
最小光圈	F22
最近对焦距离（cm）	45
最大放大倍率	1：4.2
滤镜尺寸（mm）	77
规格（mm）	84×103.5
重量（g）	710

▼ 『焦距：24mm ┊ 光圈：F8 ┊ 快门速度：1/10s ┊ 感光度：ISO100』

AF-S 尼克尔 24-70mm F2.8 G ED

这款镜头是尼康"大三元"系列镜头之一，F2.8 大光圈以及镜皇的品质保证，使得该镜头确实是一款非常难得的镜头。当然，其近 1.3 万元的售价，也让很多摄影爱好者感到"难得"。

这款镜头的用料极为扎实，除了防抖技术之外，几乎涵盖了尼康公司所有的先进技术，例如采用了 3 片超低色散镜片、3 片非球面镜片和纳米结晶涂层，对减少色散、重影、逆光时的光晕以及提高成像质量等都有极大的帮助。9 片光圈叶片配合 F2.8 大光圈，在拍摄人像时能够获得极为柔美的虚化效果，而且在色彩表现方面也非常出色。其搭载的超声波马达系统，可以实现安静、快速、准确的对焦操作。

另外，该镜头在变焦时前端镜片组会产生伸缩变化，当焦距为 70mm 时镜筒最短，当焦距为 24mm 时镜筒最长，这也是与其他镜头不一样的地方。在手持拍摄时，拍摄者可通过感受镜身的长短变化，来大致判断当前拍摄所使用的焦距。美中不足的是，这款镜头并没有加入防抖功能，这也是被很多摄友诟病的一点。

这款镜头的等效焦距为 36~105mm。

镜片结构	11 组 15 片
光圈叶片数	9
最大光圈	F2.8
最小光圈	F22
最近对焦距离（cm）	38
最大放大倍率	1 : 3.7
滤镜尺寸（mm）	77
规格（mm）	83×133
重量（g）	900

▼ 『焦距：36mm ┊ 光圈：F10 ┊ 快门速度：1/200s ┊ 感光度：ISO100』

中焦镜头推荐

AF 尼克尔 85mm F1.8 G

作为老一代 D 型镜头的升级产品，85mm F1.8 G 在镜片结构方面采用了全新的 9 片 9 组设计，而且新加入了宁静超声波马达，因此在拍摄时不仅对焦快速、准确，而且声音极小。

由于这款镜头采用了塑料镜身设计，使其净重量仅为 350 克，因此便携性得到了极大的提升。但这款镜头的卡口是金属的，因此关键部位的坚固程度还是能够令人放心的。

这款镜头的最大光圈为 F1.8，即使使用大光圈进行拍摄，照片仍然能够拥有惊人的锐度。如果将光圈缩小到 F5.6 时，可以达到这款镜头分辨率的峰值，搭载在 Nikon D5500 这款拥有超过 2400 万有效像素的机身上，能够充分发挥此镜头分辨率较高的特点。

整体来看，这款镜头的焦外柔滑过渡能力不错，适当收缩光圈到 F2.8 以后，画面中心的锐度上升明显，且其焦外的散焦表现令人满意，因此焦内、焦外能够达到很好的平衡。

因此，作为一款售价仅为 3500 余元的中长焦定焦镜头，这款镜头值得广大摄友拥有。

这款镜头的等效焦距为 127.5mm。

镜片结构	9 组 9 片
光圈叶片数	9
最大光圈	F1.8
最小光圈	F16
最近对焦距离（cm）	57
最大放大倍率	1：9.2
滤镜尺寸（mm）	62
规格（mm）	71.5×58.5
重量（g）	350

『焦距：85mm ┆ 光圈：F2.8 ┆ 快门速度：1/500s ┆ 感光度：ISO100』

AF 尼克尔 85mm F1.4 D IF & AF-S 尼克尔 85mm F1.4 G

这两款镜头虽然均在市场上有售，但发布时间与性能并不相同，即前者是后者的早期版本。首先介绍一下价廉物美的尼康 AF 尼克尔 85mm F1.4 D IF 镜头，通过其机身上标识的 D 字母就可以知道，这款镜头在尼康镜头家族中至少存在了 15 年之久。从镜身的做工方面来看，虽然外表是塑料的，但其内部仍然是金属材质，因此其坚固及密封性能是有保证的。

这款镜头的镜片结构及光圈叶片数不仅能够保证获得较高的成像质量，而且还能在照片中形成非常柔美的焦外虚化效果，但在使用最大光圈拍摄时，要注意其跑焦的问题，这几乎是所有大光圈定焦镜头的通病，如果切换至手动对焦模式，其对焦的准确性会增加。

而作为升级版的 AF-S 尼克尔 85mm F1.4 G 镜头，镜身明显增大了一圈，而且其色彩表现也更加浓郁，这一点与 D 型镜头的清亮色彩有所不同。另外，G 型镜头针对数码单反相机进行了优化，因此在画面层次表现方面的性能更为出色；而 D 型镜头则在反差表现方面的性能更优秀。

这两款镜头的等效焦距为 127.5mm。

镜片结构	8 组 9 片 / 9 组 10 片（含纳米结晶涂层）
光圈叶片数	9
最大光圈	F1.4
最小光圈	F16
最近对焦距离（cm）	85
最大放大倍率	1：8.8
滤镜尺寸（mm）	77
规格（mm）	80×72.5/86.5×84
重量（g）	550/595

▼『焦距：85mm ┊ 光圈：F2.8 ┊ 快门速度：1/800s ┊ 感光度：ISO100』

AF-S 尼克尔 VR 70-300mm F4.5-5.6 G IF-ED

对于一款长焦镜头而言，由于安全快门速度（即焦距的倒数）通常较高，其搭载的防抖功能可保证在低于安全快门 3~4 挡的情况下也能够进行拍摄，这无疑会大大提高拍摄的成功率，因此，笔者推荐了这款尼康原厂镜头。

这款镜头拥有两片超低色散镜片，这使得其消色散能力大为增强。与上一代镜头相比，还增加了一组防抖镜片，使得这款镜头的重量从前代的 505g 一跃达到了 745g，当然，在性能上也有了很大的提升。

另外，由于该镜头采用的是内对焦设计，对焦时前组镜片不转动，因此在使用各种滤镜时会更加方便，配备上一款花瓣型遮光罩，就显得很有"专业"味道。

这款镜头的等效焦距为 105~450mm。

镜片结构	12 组 17 片
光圈叶片数	7
最大光圈	F4.5~F5.6
最小光圈	F22~F32
最近对焦距离（cm）	150
最大放大倍率	1：4.8
滤镜尺寸（mm）	67
规格（mm）	80 × 143.5
重量（g）	745

▼ 『焦距：247mm ┊ 光圈：F6.3 ┊ 快门速度：1/50s ┊ 感光度：ISO400』

AF-S 尼克尔 70-200mm F2.8 G ED VR Ⅱ

这款镜头被称为"小竹炮"二代，其秉承了前作的精湛做工，用料扎实，手感上乘。这款镜头在设计上也采用了尼康顶级的技术：内对焦和内变焦设计，全程不变的镜身长度让用户在使用过程中有着极佳的感受，与其优异性能相对应的是，这款镜头的售价也超过了 1.6 万元。

在成像方面，"小竹炮"二代更是不负众望，全焦段各光圈下的解像力和锐度都有全面的提高，而且拥有更加真实自然的色彩、柔和的焦外虚化、锐利的焦点成像、超低色散，中心和边缘的像差也有所减小。该镜头作为该焦段的顶级产品，加入了尼康目前所有的新技术，其中包括使用了多达 7 片超低色散镜片、纳米结晶涂层、能够提供相当于提高 4 挡快门速度抖动补偿的尼康减震系统（VR Ⅱ），以及超声波马达（SWM）。因此，可以说"小竹炮"二代在性能上较前代有了较大提升。

如果觉得价钱太贵，也可以选择 AF-S 尼克尔 VR 70-300mm F4.5-5.6 G IF-ED，或 AF-S 尼克尔 70-200mm F2.8 G ED VR，即一代产品。

这款镜头的等效焦距为 105~300mm。

镜片结构	16 组 21 片
光圈叶片数	9
最大光圈	F2.8
最小光圈	F22
最近对焦距离（cm）	140
最大放大倍率	1：8.3
滤镜尺寸（mm）	77
规格（mm）	87×205.5
重量（g）	1530

▼ 『焦距：135mm ┆光圈：F2.8 ┆快门速度：1/250s ┆感光度：ISO100』

AF-S 尼克尔 14-24mm F2.8 G ED

尼康 AF-S 尼克尔 14-24mm F2.8 G ED 具备优良的成像解析力，从官方资料上看，该镜头采用了两片超低色散镜片、3 片非球面镜片，搭载在 Nikon D5500 机身上，能够满足绝大部分广角拍摄的要求。作为一款定位于专业人士的高端镜头，这款镜头豪华的用料、扎实的做工以及出色的性能让很多玩家爱不释手。

虽然价格昂贵，但是该镜头的性能确实是不可否认的，是风光摄影的理想选择。此镜头最靠前的镜片呈现夸张的球形状态，采用了尼康独有的 NC 纳米结晶镀膜技术，因而能够有效降低内反射、像差等问题。

在画质上，各焦段的成像质量都相当不俗，无愧于镜皇的称号，虽然 14mm 超广角端的成像质量较为一般，但收缩光圈至 F8 左右或放大焦距至 16mm 时，其成像质量就变得很高了。

这款镜头的等效焦距为 21~36mm。

镜片结构	11 组 14 片
光圈叶片数	9
最大光圈	F2.8
最小光圈	F22
最近对焦距离（cm）	28
最大放大倍率	1 : 6.7
滤镜尺寸（mm）	77
规格（mm）	98 × 131.5
重量（g）	1000

▼ 『焦距：16mm ┆ 光圈：F5.6 ┆ 快门速度：132s ┆ 感光度：ISO200』

AF 尼克尔 18-35mm F3.5-4.5 D IF-ED

尼康 AF 尼克尔 18-35mm F3.5-4.5 D IF-ED 是一款非常经典的原厂广角镜头，可以把它看作是 AF-S 尼克尔 17-35mm F2.8 D IF-ED 镜头的大幅简化版，让囊中羞涩的用户也有机会体验尼康广角变焦镜头的优秀性能，素有"银广角"之称。

这款镜头成像质量出色，画面锐度较高，色彩还原真实，只是偶尔会出现一定的紫边现象。

这款镜头采用内对焦设计，方便加挂偏光滤镜。采用 8 组 11 片镜片结构，其中包含 1 片超低色散镜片和 1 片非球面镜片，保证成像质量更出色。变焦时前组镜片会伸缩，对焦迅速，虽无超声波马达，对焦声响近距离可听见，但是前端的对焦环在 AF 自动对焦模式下仍然可以转动。

18mm 端的镜头畸变几乎和"金广角"不相上下，35mm 端唯一的缺点就是光圈太小了。将这款镜头当作拍摄风光题材专用镜头绝对是最佳选择，不但成像质量优异，而且性价比也很高。

这款镜头的等效焦距为 27~52.5mm。

镜片结构	8 组 11 片
光圈叶片数	7
最大光圈	F3.5~F4.5
最小光圈	F22~F32
最近对焦距离（cm）	33
最大放大倍率	1 ∶ 6.7
滤镜尺寸（mm）	77
规格（mm）	82.7 × 82.5
重量（g）	370

▼ 『焦距：35mm ┊ 光圈：F6.3 ┊ 快门速度：1/180s ┊ 感光度：ISO200』

微距镜头推荐

AF-S VR MICRO 105mm F2.8 G IF-ED

作为 1993 年 12 月推出的 Ai AF 105mm F2.8 Micro（后来尼康曾推出这款镜头的 D 版，可为机身的高级测光功能提供焦点、距离数据，主要用于改善闪光摄影效果）的换代产品，这款新镜头从外形到内部结构都进行了改进，其手感更加扎实，并且由于搭载了 VR 防抖系统，其重量也由旧款的 555g 大幅提升到 790g。该款镜头具有恒定镜筒长度，同时还新增了"N"字符号，表示应用了"Nano Crystal Coating"新技术。

作为表现细节的微距镜头，其画质如何是人们更为关注的问题，其实并不用担心，这款镜头具有非常优秀的画面表现能力，甚至超过了"大三元"系列镜头，只是在使用最大光圈拍摄时，边缘位置会略有一点暗角，但收缩一挡光圈后暗角现象就会基本消失。

这款镜头的等效焦距为 157.5mm。

镜片结构	12 组 14 片
光圈叶片数	9
最大光圈	F2.8
最小光圈	F32
最近对焦距离（cm）	31
最大放大倍率	1 ：1
滤镜尺寸（mm）	62
规格（mm）	83 × 116
重量（g）	790

▼ 『焦距：105mm ┊ 光圈：F2.8 ┊ 快门速度：1/3200s ┊ 感光度：ISO200』

高倍率变焦镜头推荐

AF-S 尼克尔 28-300mm F3.5-5.6 G ED VR

虽然不挂金圈，但是尼康 AF-S 尼克尔 28-300mm F3.5-5.6 G ED VR 却是一颗"武装到牙齿"的镜头：超低色散镜片、防抖系统、宁静波动马达，只要看到这些文字，自然就会和高素质镜头联系在一起。

该镜头覆盖了从 28mm 广角至 300mm 远摄的宽广焦距范围，安装在 Nikon D5500 上，作为纪实、人像、动物及业余体育摄影等题材的镜头，可以发挥出非同寻常的威力。

该镜头内置了 VR 防抖系统，可对相机的抖动进行补偿，相当于提高 4 挡快门速度。该镜头采用了 14 组 19 片的镜片结构，其中包含两片超低色散镜片和 3 片非球面镜片，光学性能极佳。配备了超声波马达（SWM），可实现安静的自动对焦；采用了尼康自己的对焦系统，对焦时镜头长度保持不变；支持变焦锁定功能，可防止镜头因自身重量而意外伸出。

这款镜头的等效焦距为 42~450mm。

镜片结构	14 组 19 片
光圈叶片数	9
最大光圈	F3.5~F5.6
最小光圈	F22~F38
最近对焦距离（cm）	50
最大放大倍率	1 ∶ 3.1
滤镜尺寸（mm）	77
规格（mm）	83×114.5
重量（g）	800

▼『焦距：300mm ┆ 光圈：F5.6 ┆ 快门速度：1/1600s ┆ 感光度：ISO400』

选购镜头时的合理搭配

不同焦段的镜头有着不同的功用，如 85mm 焦距镜头被奉为人像摄影的首选镜头；而 50mm 焦距镜头在人文、纪实等领域也有着无可替代的作用。根据拍摄对象的不同，可以选择广角、中焦、长焦以及微距等多种焦段的镜头。

如果要购买多支镜头以满足不同的拍摄需求，一定要注意焦段的合理搭配，比如尼康镜皇中"大三元"系列的 3 支镜头，即 AF-S 尼克尔 14-24mm F2.8 G ED 、AF-S 尼克尔 24-70mm F2.8 G ED 以及 AF-S 尼

克尔 70-200mm F2.8 G ED VR Ⅱ ，覆盖了从广角到长焦最常用的焦段，并且各镜头之间焦距的衔接极为连贯，即使是对于专业级别的摄影师，也能够满足绝大部分拍摄需求。

广大摄友在选购镜头时，也应该特别注意各镜头间的焦段搭配，尽量避免重合，甚至可以留出一定的"中空"，以避免造成浪费——毕竟好的镜头通常都是很贵的。

14~24mm 焦段	24~70mm 焦段	70~200mm 焦段

尼康 AF-S 尼克尔 14-24mm F2.8 G ED	AF-S 尼克尔 24-70mm F2.8 G ED	AF-S 尼克尔 70-200mm F2.8 G ED VR Ⅱ

镜头常见问题解答

Q：如何准确理解焦距？

A：镜头的焦距是指对无限远处的被摄体对焦时镜头中心到成像面的距离，一般用长短来描述。焦距变化带来的不同视觉效果主要体现在视角上。视野宽广的广角镜头，光照进镜头的入射角度较大，镜头中心到光集结起来的成像面之间的距离较短，对角线视角较大，因此能够拍摄场景更广阔的画面。而视野窄的长焦镜头，光的入射角度较小，镜头中心到成像面的距离较长，对角线视角较小，因此适合以特写的角度拍摄远处的景物。

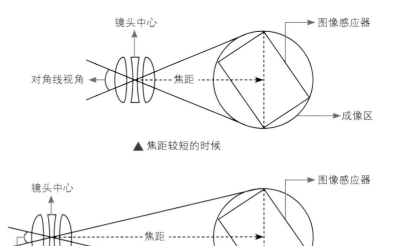

▲ 焦距较短的时候

▲ 焦距较长的时候

Q：什么是对焦距离？

A：所谓对焦距离是指从被摄体到成像面（图像感应器）的距离，以相机焦平面标记到被摄体合焦位置的距离为计算基准。

许多摄影爱好者常常将其与镜头前端到被摄体的距离（工作距离）相混淆，其实对焦距离与工作距离是两个不同的概念。

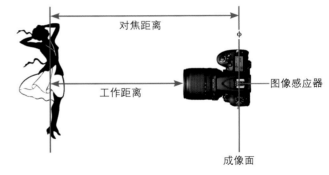

▲ 对焦距离示意图

Q：什么是最近对焦距离？

A：最近对焦距离是指能够对被摄体合焦的最短距离。也就是说，如果被摄体到相机成像面的距离短于该距离，那么就无法完成合焦，即距离相机小于最近对焦距离的被摄体将会被全部虚化。在实际拍摄时，拍摄者应根据被摄体的具体情况和拍摄目的来选择合适的镜头。

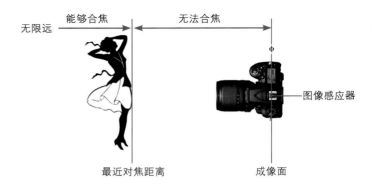

▲ 最近对焦距离示意图

Q：什么是镜头的最大放大倍率？

A：最大放大倍率是指被摄体在成像面上成像大小与实际大小的比率。如果拥有最大放大倍率为等倍的镜头，就能够在图像感应器上得到和被摄体大小相同的图像。

对于数码照片而言，因为可以使用比图像感应器尺寸更大的回放设备（如计算机等）进行浏览，所以成像看起来如同被放大一般，但最大放大倍率还是应该以在成像面上的成像大小为基准。

▲ 使用最大放大倍率约为 1 倍的镜头将其拍摄到最大，在图像感应器上的成像直径为 2cm

▲ 使用最大放大倍率约为 0.5 倍的镜头将其拍摄到最大，在图像感应器上的成像直径为 1cm

『焦距：18mm │光圈：F4.5 │快门速度：1/80s │感光度：ISO100』

Chapter **08**

用附件为照片增色的技巧

遮光罩：摭挡不必要的光线

遮光罩由金属或塑料制成，安装在镜头前方。遮光罩可以遮挡住不必要的光线，避免产生光斑、生成灰雾等破坏成像质量。

在选购遮光罩时，要注意与镜头的匹配。广角镜头的遮光罩较短，而长焦镜头的遮光罩较长。如果把适用于长焦镜头的遮光罩安装在广角镜头上，画面四周的光线会被挡住，而出现明显的暗角；而把适用于广角镜头的遮光罩安装在长焦镜头上，则起不到遮光的作用。另外，遮光罩的接口大小应与镜头安装的滤镜大小相符合。

▲ 两种 Nikon D5500 可用的遮光罩

在逆光拍摄时，使用合适的遮光罩可避免在画面中出现眩光，以得到绚丽的精美夕阳画面『焦距：20mm ┆光圈：F11 ┆快门速度：1/20s ┆感光度：ISO200』

UV 镜：保护镜头的选择之一

UV 镜也叫"紫外线滤镜"，是滤镜的一种，主要是针对胶片相机而设计，用于防止紫外线对曝光的影响，从而提高成像质量，增加影像的清晰度。而现在的数码相机已经不存在这种问题了，但由于其价格低廉，已成为摄影师用来保护数码相机镜头的工具。笔者强烈建议您在购买镜头的同时也购买一款 UV 镜，以更好地保护镜头不受灰尘，手印以及油渍的侵扰。除了购买尼康原厂的 UV 镜外，肯高、HOYO、大自然及 B+W 等厂商生产的 UV 镜也不错，性价比很高。

▲ B+W 的 UV 镜

绝大部分 UV 镜都是与镜头最前端拧在一起的，而不同的镜头拥有不同的口径，因此，UV 镜也分为相应的各种口径，读者在购买时一定要注意了解自己所使用镜头的口径，如 Nikon D5500 套机镜头的口径为 67mm。口径越大的 UV 镜，价格自然也就越高。

◀ 在镜头前安装 UV 镜不会影响画面效果『焦距：85mm ┊光圈：F3.5 ┊快门速度：1/640s ┊感光度：ISO200』

保护镜：更专业的镜头保护滤镜

如前所述，在数码摄影时代，UV 镜的主要作用是保护镜头，开发 UV 镜的目的是兼顾数码相机与胶片相机的使用。但考虑到胶片相机逐步退出了主流民用摄影市场，各大滤镜厂商在开发 UV 镜时已经不再考虑胶片相机，因此由 UV 镜演变出了专门用于保持镜头的一种滤镜——保护镜，这种滤镜的功能只有一个，就是保护价格昂贵的镜头。与 UV 镜一样，口径越大的保护镜价格越贵，通光性越好的保护镜价格也越贵。

▲ 不同口径的肯高保护镜

存储卡：容量及读写速度同样重要

Nikon D5500 作为一款中端入门级的数码单反相机，兼容 SD、SDHC、SDXC 存储卡。在购买时，建议不要买一张大容量的存储卡，而是分成两张购买。比如要购买 128G 的 SD 卡，则建议购买两张 64G 的存储卡，虽然在使用时有换卡的麻烦，但两张卡同时出现故障的概率要远小于 1 张卡。

Q：什么是 SDHC 型存储卡？

A：SDHC 是 Secure Digital High Capacity 的缩写，即高容量 SD 卡。SDHC 型存储卡最大的特点就是高容量（2GB~32GB）。另外，SDHC 采用的是 FAT32 文件系统，其传输速度分为 Class2（2MB/sec）、Class4（4MB/sec）、Class6（6MB/sec）等级别，高速 SD 卡支持高分辨率视频录制的实时存储。

Q：什么是 SDXC 型存储卡？

A：SDXC 是 SD eXtended Capacity 的缩写，即超大容量 SD 存储卡。其最大容量可达 64GB，理论容量可达 2TB。此外，其数据传输速度也很快，最大理论传输速度能达到 300MB/s。但目前许多数码相机及读卡器并不支持此类型的存储卡，因此在购买前要确定当前所使用的相机与读卡器是否支持此类型的存储卡。

Q：存储卡上的 I 与 ሐ 标识是什么意思？

A：存储卡上的 I 标识表示此存储卡支持 UHS（Ultra High Speed 即超高速）接口，即其带宽可以达到 104MB/s，因此，如果电脑的 USB 接口为 USB 3.0，则存储卡中的 1G 照片只需要几秒就可以传输到电脑中。如果存储卡还能够满足实时存储高清视频标准，即可标记为 ሐ，即满足 UHS Speed Class 1 标准。

▲ 具有不同标识的 SDXC 及 SDHC 存储卡

偏振镜：消除或减少物体表面的反光

什么是偏振镜

偏振镜也叫偏光镜或 PL 镜，在各种滤镜中，是一种比较特殊的滤镜，主要用于消除或减少物体表面的反光。由于在使用时需要调整角度，所以偏振镜上有一个接圈，使得偏振镜固定在镜头上以后，也能进行旋转。

偏振镜分为线偏和圆偏两种，数码相机应选择有"CPL"标志的圆偏振镜，因为在数码单反相机上使用线偏振镜会影响测光和对焦。

在使用偏振镜时，可以旋转其调节环以选择不同的强度，在取景窗中可以看到一些色彩上的变化。同时需要注意的是，使用偏振镜后会阻碍光线的进入，

大约相当于 2 挡光圈的进光量，故在使用偏振镜时，我们需要降低约 2 倍的快门速度，这样才能拍摄到与未使用时曝光效果相同的照片。

▲ 肯高 67mm C-PL（W）偏振镜

用偏振镜压暗蓝天

晴朗天空中的散射光是偏振光，利用偏振镜可以减少偏振光，使蓝天变得更蓝、更暗。使用偏振镜拍摄的蓝天，比使用蓝色渐变镜拍摄的蓝天要更加真实，因为使用偏振镜拍摄，既能压暗天空，又不会影响其他景物的色彩还原。

用偏振镜提高色彩饱和度

如果拍摄环境中的光线比较杂乱，会对景物的色彩还原有很大的影响。环境光和天空光在物体上形成的反光，会使景物的颜色看起来并不鲜艳。使用偏振镜进行拍摄，可以消除杂光中的偏振光，减少杂散光对物体色彩还原的影响，从而提高被摄体的色彩饱和度，使景物的颜色显得更加鲜艳。

使用偏振镜消除画面中的杂光，从而使天空的颜色更蓝，画面的色彩也更加浓郁、纯净『焦距：20mm ┊ 光圈：F16 ┊ 快门速度：1/500s ┊ 感光度：ISO200』

用偏振镜抑制非金属表面的反光

　　使用偏振镜拍摄的另一个好处就是可以抑制被摄体表面的反光。我们在拍摄水面、玻璃表面时，经常会遇到反光，从而影响画面的表现，使用偏振镜则可以削弱水面、玻璃以及其他非金属物体表面的反光。

通过偏振镜将水面上的杂光过滤掉，从而拍摄到清澈见底的水面，同时画面中的色彩也变得非常纯净『焦距：20mm ┊光圈：F22 ┊快门速度：1/4s ┊感光度：ISO100』

中灰镜：减少镜头的进光量

什么是中灰镜

中灰镜即 ND（Neutral Density）镜，又被称为中灰减光镜、灰滤镜、灰片等。它就像是一个半透明的深色玻璃，安装在镜头前面时，可以减少进光量，从而降低快门速度。当光线太过充足而导致无法降低快门速度时，就可以使用这种滤镜。

▲ 肯高 ND4 中灰镜 (77mm)

中灰镜的规格

中灰滤镜分不同的级数，常见的有 ND2、ND4、ND8 三种，它们分别代表可以降低 1 挡、2 挡和 3 挡的快门速度。假设在光圈为 F16 时，对正常光线下的瀑布测光（光圈优先模式）后，得到的快门速度为 1/16s，此时如果需要以 1/4s 的快门速度进行拍摄，就可以安装 ND4 型号的中灰镜，或安装两块 ND2 型号的中灰镜。

一般按照密度对中灰镜进行分级，常用的密度值有 0.3、0.6、0.9 等。密度为 0.3 的中灰镜，透光率为 50%，密度每增加 0.3，中灰镜就会增加一倍的阻光率。

中灰镜各参数关系对照表				
透光率（p）	密度（D）	阻光倍数（O）	滤镜因数	曝光补偿级数（应开大光圈的级数）
50%	0.3	2	2	1
25%	0.6	4	4	2
12.5%	0.9	8	8	3
6%	1.2	16	16	4

中灰镜在低速摄影中的应用

在进行风光摄影时，例如在光照充分的时候拍摄溪流或瀑布，想要通过长时间曝光拍摄出丝线状的水流效果，就可以使用中灰镜来达到目的。

中灰镜在人像摄影中的应用

在人像摄影中，经常会遇到需要避开杂乱的环境的情况，除了换个角度进行构图外，使用大光圈虚化背景也是经常采用的手法。在光照充足的环境中，为了得到背景虚化、曝光准确的画面，可以利用中灰镜来达到目的。

在强光下拍摄时，如果使用最小光圈、最短曝光时间、最低感光度的曝光组合还不能得到正确曝光的话，可以考虑使用中灰镜。

通过使用中灰镜来减少进光量，以降低快门速度，从而拍出绵延缥缈的水流效果『焦距：19mm ¦ 光圈：F22 ¦ 快门速度：1/2s ¦ 感光度：ISO100』

中灰渐变镜：平衡画面曝光

什么是中灰渐变镜

渐变镜是一种一半透光、一半阻光的滤镜，分为圆形和方形两种，在色彩上也有很多选择，如蓝色、茶色、日落色等。而在所有的渐变镜中，最常用的就是中灰渐变镜，这是一种中性灰色的渐变镜。

不同形状中灰渐变镜的特点

圆形中灰渐变镜是安装在镜头上的，使用起来比较方便，但由于渐变是不可调节的，因此只能拍摄天空约占画面 50% 的照片；而使用方形中灰渐变镜时，需要买一个支架装在镜头前面才可以把滤镜装上，其优点就是可以根据构图的需要调整渐变的位置。

▲ 圆形及方形中灰渐变镜

使用中灰渐变镜降低明暗反差

当被摄体之间的亮度关系不好时，可以使用中灰渐变镜来改善画面的亮度平衡关系。中灰渐变镜可以在深色端减少进入镜头的光线，在拍摄天空背景时非常有用，通过调整渐变镜的角度，将深色端覆盖天空，从而在保证浅色端图像曝光正常的情况下，还能使天空中的云彩具有很好的层次。

在阴天使用中灰渐变镜改善天空影调

中灰渐变镜几乎是阴天拍摄时唯一能够有效改善天空影调的滤镜。在阴天条件下，虽然密布的乌云显得很有层次，但是天空的亮度远远高于地面，所以拍摄出的画面中，天空会显得没有层次感，使用中灰渐变镜将天空压暗，云彩的层次就会得到很好的表现。

◀ 为了保证画面中的云彩获得准确曝光，并表现出丰富的细节，摄影师使用了中灰渐变镜对天空进行减光处理『焦距：17mm ┊ 光圈：F11 ┊ 快门速度：1/6s ┊ 感光度：ISO100』

快门线：避免直接按下快门产生震动

在对相机的稳定性要求很高的情况下，通常会采用快门线与脚架结合使用的方式进行拍摄。其中，快门线的作用就是为了尽量避免直接按下机身快门时可能产生的震动，以保证相机的稳定，进而保证得到更高的画面质量。

▲ 尼康 MC-DC2 快门线

▲ 拍摄夜景照片时需要较长的曝光时间，为了保证画面清晰，快门线与脚架是必不可少的装备『焦距：24mm ┊ 光圈：F16 ┊ 快门速度：30s ┊ 感光度：ISO100』

遥控器：遥控对焦及拍摄

如同电视机的遥控器一样，我们可以在远离相机的情况下，使用快门遥控器进行对焦及拍摄，通常这个距离是 10m 左右，这已经可以满足自拍或拍集体照的需求了。在这方面，遥控器的实用性远大于快门线。

需要注意的是，有些遥控器在面对相机正面进行拍摄时，会存在对焦缓慢甚至无法响应等问题，在购买时应注意试验，并问询销售人员。

◀ 尼康 ML-L3 遥控器

▶ 使用遥控器控制快门，就可以很方便地跟姐妹一起拍合影了『焦距：85mm ┊ 光圈：F2.5 ┊ 快门速度：1/250s ┊ 感光度：ISO200』

脚架：保持相机稳定的基本装备

脚架是最常用的摄影配件之一，使用它可以让相机变得稳定，以保证长时间曝光的情况下也能够拍摄出清晰的照片。

根据脚架的造型可将其分为独脚架与三脚架两种，脚架由架身与云台两部分组成，下面分别讲解其选购要点与使用技巧。

对比项目	说　明
铝合金脚架与碳素纤维脚架	目前市场上的脚架主要有铝合金和碳素纤维两种，二者在稳定性上不相上下。铝合金脚架重量较重，不便于携带，但是价格相对比较便宜；碳素纤维脚架具有便携性、抗震性以及稳定性强的特点，因而价格较贵，往往是相同档次铝合金脚架的好几倍。在经济条件允许的情况下，碳素纤维脚架是非常理想的选择
▲ 三脚　　▲ 独脚	三脚架和独脚架都具有稳定相机的作用，但是从稳定性来看，三脚架的稳定性要优于独脚架，其在配合使用快门线或遥控器的情况下，可以实现完全脱机拍摄。在拍摄需要较长时间曝光或成像质量要求非常高的照片时，三脚架是必不可少的辅助器材。独脚架的体积和重量都只有三脚架的1/3，无论是旅行还是日常拍摄都十分方便。独脚架一般可以在安全快门的基础上放慢三挡左右的快门速度，比如安全快门速度为1/150s时，使用独脚架可以在1/20s左右的快门速度下进行拍摄
三节脚架与四节脚架	大多数脚架可拉长为三节或四节，通常情况下，四节脚架要比三节脚架高一些，但由于第四节往往是最细的，因此在稳定性上略差一些。如果选择第四节也足够稳定的脚架，在重量及价格上无疑要高出很多 如果拍摄时脚架的高度不够，可以提高三脚架的中轴来提升高度，但不要升得太高，否则会使三脚架的稳定性受到较大影响。为了提高稳定性，可以在中轴的下方挂上一个重物
▲ 三维云台　　▲ 球形云台	云台是连接脚架和相机的配件，用于调整拍摄的方向和角度。云台包括三维云台和球形云台两类。三维云台的承重能力强、构图十分精准，缺点是占用的空间较大，在携带时稍显不便；球形云台的体积较小，只要旋转按钮，就可以让相机迅速转移到所需的角度，操作起来十分便利。在购买脚架时，通常会有一个配套的云台供使用，当它不能满足我们的需要时，可以更换更好的云台——当然，前提是脚架仍能满足我们的需要。需要注意的是，很多价格低廉脚架的架身和云台是一体的，因此无法单独更换云台。如果确定以后需要使用更高级的云台，那么在购买脚架时就一定要问清楚，其云台是否可以更换

▶ 只有经过长时间曝光才能拍摄出这幅在视觉上很有冲击力的流云画面，在拍摄时三脚架是必不可少的装备『焦距：18mm ¦ 光圈：F5.6 ¦ 快门速度：330s ¦ 感光度：ISO200』

外置闪光灯基本结构与功能

要在光线较暗的环境中拍出曝光准确、主体清晰的照片，最常用的附件就是闪光灯，尼康公司为不同定位的群体提供了多种不同性能的闪光灯，例如 SB-900、SB-700、SB-600、SB-400、SB-R200 等。下面将以 SB-900 闪光灯为例，讲解其基本结构。

认识闪光灯从基本结构开始

❶ 液晶显示屏
用于显示及设置闪光灯的参数

❷ 功能按钮
这 3 个按钮，根据所选择的模式以及设置，可以实现不同的功能

❸ 闪光模式按钮
按下此按钮可以在自动或手动闪光模式之间进行切换

❹ 变焦按钮
按下此按钮可以调整焦点的范围

❺ 固定座锁定杆
将闪光灯安装在相机上后，可以将其拧至 L 位置，以固定闪光灯

❻ 闪光灯头倾斜角度刻度
表示当前闪光灯在垂直方向旋转的角度

❼ 闪光灯头倾斜 / 旋转松锁按钮
按下此按钮可以调整闪光灯在水平及垂直方向旋转的角度

❽ 闪光灯测试按钮
按下此按钮可进行闪光测试

❾ 旋转拨盘
用于在各个参数之间进行切换及选择

❿ 电源开关 / 无线设置开关
用于控制闪光灯的开启和关闭

⓫ OK 按钮
用于确认功能的设置。按住此按钮一秒钟可显示自定义设置

⓬ 内置反射卡
将其抽出后，可防止光线向上发散，有利于塑造眼神光

⓭ 闪光灯头
用于输出闪光光线；还可用于数据的无线传输

⓮ 非 TTL 自动闪光传感器
非 TTL 自动闪光适用于光圈优先模式 (A) 和全手动模式 （M），在该模式下，传感器将检测被摄主体反射回来的闪光亮度，自动控制闪光的输出量，以获得正确曝光

⓯ 内置广角闪光散光板
使用镜头的广角端拍摄时，可以避免画面中的阴影过于生硬

⓰ 自动对焦辅助照明器
在弱光或低对比度环境下，此处将发射用于辅助对焦的光线

⓱ 预备指示灯
用于监控和确认不同的闪光操作

⓲ 外接电源接口
打开这里的盖子，可以使用专用的接口，将闪光灯连接到外部电源上

尼康外置闪光灯性能对比

在拍摄时除了使用 Nikon D5500 的内置闪光灯外，还可以选择尼康 SB-900、SB-700、SB-600 等外置闪光灯，以及尼康 SB-R200 无线遥控闪光灯。

闪光灯型号	SB-900	SB-700	SB-600	SB-R200
外观				
照明模式	标准、平均、中央重点	标准、平均、中央重点	标准、平均、中央重点	标准、平均、中央重点
闪光模式	TTL、非TTL自动闪光、距离优先手动闪光、手动闪光、重复闪光	i-TTL、距离优先手动闪光、手动闪光	TTL、i-TTL、D-TTL、均衡补充闪光、手动闪光	TTL、i-TTL、D-TTL、手动闪光
闪光曝光补偿	±3，以1/3挡为增量进行调节	±3，以1/3挡为增量进行调节	±3，以1/3挡为增量进行调节	±3，以1/3挡为增量进行调节
闪光曝光锁定	支持	支持	支持	支持
高速同步	支持	支持	支持	支持
闪光指数（m）	48（ISO200）	39（ISO200）	42（ISO200）	14（ISO200）
闪光范围（mm）	14~200（14mm需配合内置广角散光板）	14~120（14mm需配合内置广角散光板）	14~85（14mm需配合内置广角散光板）	约40mm
回电时间（s）	2.3~4.5	2.5~3.5	2.5~4	6
垂直角度（°）	向下7、0；向上45、60、75、90	向下7、0；向上45、60、75、90	向上0、45、60、75、90	向下0、15、30、45、60；向上15、30、45
水平角度（°）	左右旋转0、30、60、90、120、150、180	左右旋转0、30、60、90、120、150、180	左旋转0、30、60、90、120、150、180；右旋转30、60、90	—

SB-R200 无线遥控闪光灯主要用于微距摄影，在使用时，由两支 SB-R200 闪光灯与 SU800 无线闪光灯控制器以及其他相关的附件组成一个完整的微距闪光系统，又称为 R1C1 套装。

内置闪光灯用红外板 SG-3IR

柔性臂夹 SW-C1

扩散板 SW-12

系统附件工具包 SS-MS1

▲ R1C1 闪光系统的部分附件

外置闪光灯使用高级技法

利用离机闪光灵活控制光位

　　当外置闪光灯在相机的热靴上无法自由移动的时候，摄影师就只有顺光一种光位可以选择，为了追求更多的光位效果，就需要把外置闪光灯从相机上取下来，即进行离机闪光。

　　要实现离机闪光，可以采取两种方法：一种是以内置闪光灯引闪外置闪光灯，这种方法经济、方便，但可控性较低；另一种是使用专业的无线闪光灯信号发射器——SU-800，其功能很强大，可以同时引闪三组闪光灯。

▲ 专业的无线闪光灯信号发射器 SU-800 正面及背面

◀ 使用离机闪光，不仅能够使光位更灵活，还能够为画面增加趣味『焦距：50mm ┊ 光圈：F1.4 ┊ 快门速度：1/320s ┊ 感光度：ISO250』

用跳闪方式进行补光拍摄

所谓跳闪，通常是指使用外置闪光灯通过反射的方式将光线反射到被摄对象上，最常用于室内或有一定遮挡的人像摄影中，这样可以避免直接对被摄对象进行闪光，从而造成光线太过生硬，且容易形成没有立体感的平光效果。在室内拍摄人像时，常常通过调整闪光灯的照射角度，让其向着房间的顶棚进行照射，然后将光线反射到人物身上，这在人像、现场摄影中是最常见的一种补光形式。

▲ 跳闪补光示意图

▶ 用闪光灯向屋顶照射光线，使之反射到人物身上进行补光，以降低画面的光比，使人物的皮肤看起来更加细腻、柔和『焦距：45mm┆光圈：F5┆快门速度：1/160s┆感光度：ISO400』

消除广角拍摄时产生的阴影

利用闪光灯为使用广角焦距拍摄的对象补光时，很可能会超出闪光灯的补光范围，因此就可能产生阴影或暗角，此时将闪光灯上面的内置广角散光板拉下来，就可以基本消除阴影或暗角问题。

▲ 广角散光板

▲ 这幅照片则是拉出内置广角散光板后使用 26mm 焦距拍摄的效果，可以看出画面四角的阴影及暗角并不明显『焦距：35mm ┊光圈：F1.6 ┊快门速度：1/160s ┊感光度：ISO500』

▲ 此照片是未拉出内置广角散光板拍摄的效果，由于已经超出了闪光灯的广角照射范围，因此形成了较重的阴影及暗角，非常影响画面的表现

柔光罩：让光线变得柔和

柔光罩是专用于闪光灯上的一种硬件设备，由于直接使用闪光灯拍摄时会产生比较生硬的光照，而使用柔光罩后，可以让光线变得柔和——当然，光照的强度也会随之变弱，可以使用这种方法为拍摄对象补充自然、柔和的光线。

在内置和外置闪光灯上都可以添加柔光罩，其中外置闪光灯的柔光罩类型比较多，比较常见的有肥皂盒、碗形柔光罩等，配合外置闪光灯强大的功能，可以更好地进行照亮或补光处理。

◀ 外置闪光灯的柔光罩

▶ 将闪光灯及柔光罩搭配使用为人物进行补光后拍摄的效果，可以看出画面中的光线非常柔和、自然『焦距：50mm ┊光圈：F2.2 ┊快门速度：1/20s ┊感光度：ISO200』

Chapter **09**

Nikon D5500 人像摄影技巧

正确测光拍出人物细腻皮肤

对于拍摄人像而言，皮肤是非常重要的表现对象之一，而要表现细腻、光滑的皮肤，测光是非常重要的一步工作。准确地说，拍摄人像时应采用中央重点测光或点测光模式，对人物的皮肤进行测光。

如果是在午后的强光环境下，建议还是找有阴影的地方进行拍摄，如果环境条件不允许，那么可以对皮肤的高光区域进行测光，并对阴影区域进行补光。

在室外拍摄时，如果光线比较强烈，可以以人物脸部的皮肤作为曝光的依据，适当增加半挡或 2/3 挡的曝光补偿，让皮肤获得足够的光照而显得光滑、细腻，而其他区域的曝光可以不必太过关注，因为相对其他部位来说，女孩子更在意自己脸部的皮肤如何。

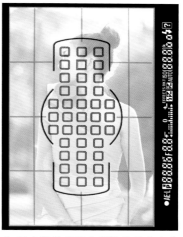

▲ 图中红色框即为所选的对焦点位置，在点测光模式下，相机可以针对其对焦点所在的位置进行测光

▼ 使用点测光对人物脸部皮肤进行测光，可使模特的肤色显得更加白皙、细腻『焦距：135mm ┊光圈：F2.8 ┊快门速度：1/200s ┊感光度：ISO100』

用大光圈拍出漂亮虚化背景的人像

大光圈在人像摄影中起到非常重要的作用，可得到浅景深的漂亮虚化效果，同时，它还可以帮助我们在环境光线较差的情况下使用更高的快门速度进行拍摄。

使用大光圈拍摄人像，能够获得漂亮的虚化背景，画面简洁，主体突出『焦距：135mm ┊光圈：F2.8 ┊快门速度：1/250s ┊感光度：ISO100』

用广角镜头拍摄视觉效果强烈的人像

使用广角或超广角镜头拍摄的照片都会有不同程度的变形，广角镜头较适合人物摄影，用以交代所处的时间、环境等要素。

需要注意的是，使用广角镜头拍摄比较容易出现暗角现象，素质越高的镜头则这种现象越不明显。另外，在给广角镜头搭配遮光罩时，应该使用专用遮光罩，以尽量减少在广角全开时，由于遮光罩的原因所产生的暗角问题。

从另一个角度来看，如果将这样的变形应用于人像拍摄，又可以形成非常突出的视觉效果。因此，近年来，我们也可以在婚纱写真、美女糖水片等类型的摄影中见到这种风格的作品。

◀ 用广角镜头在一个较低的位置以仰视的角度拍摄人像，夸张的透视效果使女孩的身材显得更修长『焦距：18mm ┊ 光圈：F6.3 ┊ 快门速度：1/200s ┊ 感光度：ISO100』

三分法构图拍摄完美人像

简单来说，三分法构图就是黄金分割法的简化版，是人像摄影中最常用的一种构图方法，其优点是能够在视觉上给人以愉悦和生动的感受，避免人物居中给人的呆板感觉。

Nikon D5500 相机可以在取景器中显示网格线，我们可以将它与黄金分割曲线完美地结合在一起使用。

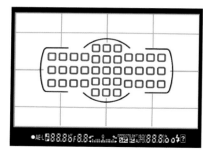

▲ Nikon D5500 的取景器网格线可以辅助我们轻松地进行三分法构图

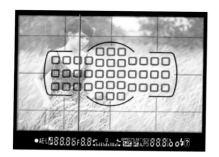

▲ 将人物放在靠右侧的三分线处，画面显得简洁又不失平衡，给人一种耐看的感觉『焦距：80mm ┊ 光圈：F4.5 ┊ 快门速度：1/320s ┊ 感光度：ISO200』

对于纵向构图的人像而言，通常是以眼睛作为三分法构图的参考依据。当然，随着拍摄面部特写到全身像的范围变化，构图的标准也略有不同。

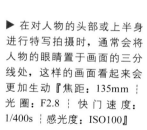

▶ 在对人物的头部或上半身进行特写拍摄时，通常会将人物的眼睛置于画面的三分线处，这样的画面看起来会更加生动『焦距：135mm ┊ 光圈：F2.8 ┊ 快门速度：1/400s ┊ 感光度：ISO100』

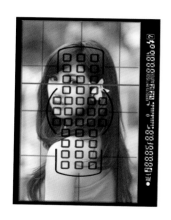

S 形构图表现女性柔美的身体曲线

　　在现代人像拍摄中，尤其是人体摄影中，S 形构图越来越多地用来表现人物身体某一部位的线条感，S 形构图中弯曲的线条朝哪一个方向以及弯曲的力度大小都是有讲究的（弯曲的力度越大，表现出来的力量也就越大）。

　　所以，在人像摄影中，用来表现身体曲线的 S 形线条的弯曲程度都不会太大，否则被摄对象要很用力，从而影响到其他部位的表现。

▶ 摄影师使用 S 形构图把模特拍得恬静、优美，将女性优美的气质很好地表现出来『焦距：85mm┊光圈：F2┊快门速度：1/160s┊感光度：ISO1000』

▶ 几种 S 形构图的摆姿

用侧逆光拍出唯美人像

在拍摄女性人像时，为了将她们漂亮的头发从繁纷复杂的场景中分离出来，常常需要借助低角度的侧逆光来制造漂亮的头发光，从而增加其妩媚动人感。

如果使用自然光，拍摄的时间应该选择在下午5点左右，这时太阳西沉，距离地平线相对较近，因此照射角度较小。拍摄时让模特背侧向太阳，使阳光以斜向45°的方向照向模特，即可形成漂亮的头发光。漂亮的发丝会在光线的照耀下散发出金色的光芒，使其质感、发型样式都得到完美表现，模特看起来也更漂亮。

由于背侧向光线，因此需要借助反光板或闪光灯为人物正面进行补光，以表现其光滑、细嫩的皮肤。

侧逆光打亮了人物头发的轮廓，在虚化背景的衬托下显得十分突出，同时也将女孩柔美的气质表现得淋漓尽致『焦距：85mm ┊光圈：F2 ┊快门速度：1/400s ┊感光度：ISO100』

逆光塑造人物剪影效果

在采用逆光拍摄人像时，由于画面会呈现出被摄人物黑色的剪影，因此逆光常常作为塑造剪影效果的表现手法。而在配合其他光线使用时，被摄人物背后的光线和其他光线会产生强烈的明暗对比，从而勾勒出人物美妙的线条。也正是因为逆光具有这种艺术效果，因此逆光也被称为"轮廓光"。

通常采用这种手法拍摄户外人像，测光时应该使用点测光对准天空较亮的云彩进行测光，以确保天空中云彩有细腻、丰富的细节，而主体人物则呈现为轮廓线条清晰、优美的剪影效果。

▲ 对天空较亮的区域进行测光，锁定曝光后再对人物进行对焦，使人物由于曝光不足而呈现为轮廓清晰、优美的剪影效果『焦距：16mm ┊ 光圈：F9 ┊ 快门速度：1/4s ┊ 感光度：ISO100』

中间调记录真实自然的人像

中间调的明暗分布没有明显的偏向，画面整体趋于一个比较平衡的状态，在视觉感受上也没有轻快和凝重的感觉。

中间调是最常见也是应用最广泛的一种影调形式，其拍摄也是最简单的，拍摄时只要保证环境光线比较正常，并设置好合适的曝光参数即可。

▶ 无论是艺术写真或日常记录，中间调都是摄影师最常用的影调『焦距：85mm ┊ 光圈：F2.8 ┊ 快门速度：1/400s ┊ 感光度：ISO400』

高调风格适合表现艺术化人像

　　高调人像的画面影调以亮调为主，暗调部分所占比例非常小，较常用于女性或儿童人像照片，且多用于偏向艺术化的视觉表现。

　　在拍摄高调人像时，模特应该穿白色或其他浅色的服装，背景也应该选择相匹配的浅色，并采用顺光拍摄，以利于画面的表现。在阴天时，环境以散射光为主，此时先使用光圈优先模式（A 挡）对模特进行测光，然后再切换至全手动模式（M 挡）降低快门速度以增加画面的曝光量，当然，也可以根据实际情况，在光圈优先模式（A 挡）下适当增加曝光补偿的数值，以提亮整个画面。

高调照片给人轻盈、优美、淡雅的感觉，白色背景与模特身上的白色短裙，再加上增加了 0.7 挡曝光补偿，最终获得了完美的高调风格画面『焦距：30mm ┊光圈：F7.1 ┊快门速度：1/125s ┊感光度：ISO125』

低调风格适合表现个性化人像

与高调人像相反，低调人像的影调构成以较暗的颜色为主，基本由黑色及部分中间调颜色组成，亮调所占的比例较小。

在拍摄低调人像时，如果采用逆光拍摄，应该对背景的高光位置进行测光；如果采用侧光或侧逆光拍摄，通常是以黑色或深色作为背景，然后对模特身体上的高光区域进行测光，该区域以中等亮度或者更暗的影调表现出来，而原来的中间调或阴影部分则呈现为暗调。

在室内或影棚中拍摄低调人像时，根据要表现的主题，通常需要布置1~2盏灯光，比如正面光通常用于表现深沉、稳重的人像，侧光常用于突出人物的线条，而逆光则常用于表现人物的形体造型或头发（即发丝光），此时模特宜穿着深色的服装，以与整体的影调相协调。

▲ 在拍摄低调人像时，针对人脸的亮部进行测光，沉稳的暗调背景将人物衬托得更加成熟、稳重『焦距：50mm┊光圈：F3.2┊快门速度：1/400s┊感光度：ISO200』

▼ 深暗的背景及模特另类、个性的动作和表情构成了一幅典型的低调风格画面『焦距：50mm┊光圈：F6.4┊快门速度：1/100s┊感光度：ISO200』

暖色调适合表现人物温暖、热情、喜庆的情感

在人像摄影中，以红、黄两种颜色为代表的暖色调，可以在画面中表现出温暖、热情以及喜庆等情感。

在拍摄前期，可以根据需要选择合适的服装颜色，像红色、橙色的衣服都可以获得暖色调的效果。同时，拍摄环境及光照对色调也有很大的影响，应注意选择和搭配。比如在太阳落山前的3个小时时间段中，可以获得不同程度的暖色光线。

如果是在室内拍摄，可以利用红色或者黄色的灯光来进行暖色调设计。当然，除了在拍摄过程中进行一定的设计外，拍摄者还可以通过后期软件的处理来得到想要的效果。

▲ 逆光的照射使得人物置身于黄色温暖的氛围之中，也正因如此，画面才呈现出浓浓的暖意『焦距：85mm ┊光圈：F1.8 ┊快门速度：1/400s ┊感光度：ISO400』

▼ 红色系的服装、饰品与人物的神态营造出温馨、喜庆的气氛『焦距：40mm ┊光圈：F4.8 ┊快门速度：1/90s ┊感光度：ISO100』

冷色调适合表现清爽人像

在人像摄影中，以蓝、青两种颜色为代表的冷色调，可以在画面中表现出冷酷、沉稳、安静以及清爽等情感。

与人为干涉照片的暖色调一样，我们也可以通过在镜头前面加装蓝色滤镜，或在闪光灯上加装蓝色柔光罩等方法，为照片增加冷色调。

冷色调画面不仅给人宁静、清爽的视觉感受，而且凸显出人物高洁的气质『焦距：85mm ┆光圈：F1.4 ┆快门速度：1/1600s ┆感光度：ISO200』

使用道具营造人像画面的氛围

为了使画面更具有某种气氛，一些辅助性的道具是必不可少的，例如婚纱、女性写真人像摄影中常用的鲜花，阴天拍摄时用的雨伞。这些道具不仅能够为画面营造气氛，还可以使人像摄影中较难处理的双手呈现较好的姿势。

道具的使用不但可以丰富画面的内容，还可以使画面更具有生动、活泼的气息。

在拍摄婚纱及人像写真类照片时，道具的使用可以使画面看起来不那么生硬，还可缓解被摄者的紧张情绪。在这张照片中，一束鲜花就为画面营造出了温馨、浪漫的气氛『焦距：85mm ┊光圈：F4 ┊快门速度：1/500s ┊感光度：ISO200』

为人物补充眼神光

眼神光是指通过运用光照使人物眼球上形成微小光斑，从而使人物的眼睛更加传神、生动。眼神光在刻画人物的神态时有不可替代的作用，其往往也是人像摄影的点睛之笔。

无论是什么样的光源，只要是位于人物面前且有足够的亮度，通常都可以形成眼神光。下面介绍几种制造眼神光的方法。

利用反光板制造眼神光

在所有制造眼神光的方法中，使用反光板是最为人所推崇的，原因就在于它便于控制，而且形成的眼神光较大且柔和。

眼神光板是中高端闪光灯才拥有的组件，尼康SB-800、SB-900 这两款闪光灯都有此功能，平时可收纳在闪光灯的上方，在使用时将其抽出即可。眼神光

板最大的功能就是借助闪光灯在垂直方向上可旋转一定角度的特点，将闪光灯射出的少量光线反射至人眼中，从而形成漂亮的眼神光，虽然其效果并非最佳（最佳的方法是使用反光板补充眼神光），但至少可以达到有聊胜无的效果，可以在一定程度上让眼睛更有神。

▼ 在模特前面安放反光板，模特的眼睛中呈现出明亮的眼神光而显得更加有神『焦距：70mm ┆光圈：F2.8 ┆快门速度：1/250s ┆感光度：ISO100』

利用窗户光制造眼神光

在拍摄人像时，最好使用超过肩膀的窗户照进来的光线制造眼神光，根据窗户的形态及大小的不同，可形成不同效果的眼神光。

利用来自窗户的光线为模特增加眼神光时，如果来自窗户的光线不够明亮，可以通过在窗户外面安放离机闪光灯的方法为模特增强眼神光的效果。

▶ 利用窗外的自然光为模特增加眼神光，使人物看起来更加有神韵，对画面起到了画龙点睛的作用『焦距：28mm ¦ 光圈：F4 ¦ 快门速度：1/80s ¦ 感光度：ISO250』

利用闪光灯制造眼神光

利用闪光灯也可以制造眼神光效果，但光点较小。多灯会形成多个眼神光，而单灯会形成一个眼神光，所以在人像摄影中，通过布光的方法制造眼神光时，所使用的闪光灯越少越好，一旦形成大面积的眼神光，反而会使人物显得呆板，不利于人物神态的表现，更起不到画龙点睛的作用。

▶ 使用闪光灯来制造眼神光，让模特的眼睛看起来更加有神，画面也显得更加生动『焦距：44mm ¦ 光圈：F11 ¦ 快门速度：1/200s ¦ 感光度：ISO200』

儿童摄影贵在真实

对儿童摄影而言，可以拍摄他们在欢笑、玩耍甚至是哭泣的自然瞬间，而不是指挥他们笑一个，或将手放在什么位置。除了专业模特外，这样的要求对绝大部分成人来说都会感到紧张，更何况那些纯真的孩子们。

即使您真的需要让他们笑一笑或做出一个特别的姿势，那也应该采用间接引导的方式，让孩子们发自内心、自然地去做，这样拍出的照片才是最真实、最具有震撼力的。

另外，为了避免孩子们看到有人给自己拍照时感到紧张，最好能用长焦镜头，这样可以尽可能在不影响他们的情况下，拍摄到最真实、自然的照片。

这一点与为成人拍照颇有相似之处，只不过孩子们在这方面更敏感一些。当然，如果能让孩子完全无视您的存在，这个问题也就迎刃而解了。

▼ 抓拍孩子观看炭火燃烧的瞬间，没有故意的引逗，然而画面却给人一种自然、放松的感觉『焦距：85mm ┊光圈：F2.8 ┊快门速度：1/800s ┊感光度：ISO100』

禁用闪光灯以保护儿童的眼睛

闪光灯的瞬间强光对儿童尚未发育成熟的眼睛有害，因此，为了他们的健康着想，拍摄时一定不要使用闪光灯。

在室外拍摄时通常比较容易获得充足的光线，而在室内拍摄时，应尽可能打开更多的灯或选择在窗户附近光线较好的地方，以提高光照强度，然后配合高感光度、镜头的防抖功能及倚靠物体等方法，保持相机的稳定。

▲ 儿童面部占据画面较大的面积，黑色的眼睛非常吸引人，拍摄时要注意保护孩子娇嫩的眼睛，不能使用闪光灯，因此应尽量选择光照充足的环境进行拍摄『焦距：35mm ┊光圈：F4.5 ┊快门速度：1/250s ┊感光度：ISO320』

用玩具吸引儿童的注意力

拍摄儿童时，顽皮的天性会使他们的注意力很容易被分散，从而使拍摄者需要花费很多的时间来吸引孩子的注意力。

比较好的方法是使用玩具来引导儿童，或将儿童放进玩具堆中自己玩耍，然后摄影师通过抓拍的方法，采用更合理的光线、角度对其进行拍摄。

▲ 彩色塑料球引起了宝宝的兴趣，在宝宝开心地举起彩色球的瞬间将其拍摄下来，这样的画面看上去更加真实、生动『焦距：50mm ┊光圈：F2 ┊快门速度：1/125s ┊感光度：ISO800』

利用特写记录儿童丰富的面部表情

儿童的表情总是非常自然、丰富的，也正因为如此，儿童面部才成为很多摄影师喜欢拍摄的题材。在拍摄时，儿童明亮、清澈的眼睛是摄影师需要重点表现的部位。

▲ 以特写的形式来表现孩子面部表情，哈哈大笑的表情让人充分感受到了他是那么的开心『焦距：50mm ┆ 光圈：F2.8 ┆ 快门速度：1/320s ┆ 感光度：ISO400』

增加曝光补偿表现儿童娇嫩的肌肤

绝大多数儿童的皮肤都可以用"剥了壳的鸡蛋"来形容，在实际拍摄时，儿童的面部也是需要重点表现的部位，因此，如何表现儿童娇嫩的肌肤，就是每一个专业儿童摄影师甚至家长应该掌握的技巧。首先，在给儿童拍摄时应尽量使用散射光，在这样的光线下拍摄儿童，不会出现光比较大的情况和浓重的阴影，画面整体影调柔和，儿童的皮肤看起来也更加细腻。其次，可以在拍摄时增加曝光补偿，即在正常测光数值的基础上，适当地增加0.3~1挡的曝光补偿，可以使拍出的照片更亮、更通透，儿童的皮肤也会显得更加粉嫩、白皙。

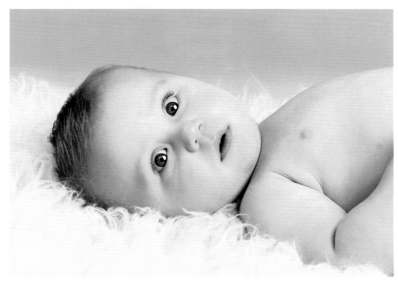

▲ 利用柔和的散射光拍摄儿童，可以使儿童的皮肤显得更加柔滑、娇嫩『焦距：70mm ┆ 光圈：F9 ┆ 快门速度：1/250s ┆ 感光度：ISO100』

拍摄合影珍藏儿时的情感世界

　　儿童摄影对于情感的表达非常重要,儿童与玩具、父母、兄弟姐妹及玩伴之间的情感描绘,常常给人以温馨、美好的感受,是摄影师们最为喜爱的拍摄题材之一。

　　在拍摄玩伴之间充满童趣的画面时,由于拍摄对象已经由一个人变为两个甚至更多的人,有时可能是一个人的表情很好,但其他人却不在状态。因此,如何把握住最恰当的瞬间进行拍摄,就需要摄影师拥有足够的耐心和敏锐的眼光,同时,也可以适当调动、引导孩子们的情绪,但注意不要太过生硬、明显,以免引起他们的紧张。

▲ 在为两个孩子拍摄合影时,捕捉到了真实有趣的这一幕,将孩子之间的友情表现得淋漓尽致『焦距:85mm ┊光圈:F7.1 ┊快门速度:1/60s ┊感光度:ISO100』

Chapter **10**
Nikon D5500 风光摄影技巧

拍摄山峦的技巧

连绵起伏的山峦，是众多风光题材中最具视觉震撼力的。虽然要拍摄出成功的山峦作品，要付出更多的辛劳和汗水，但还是有非常多的摄影爱好者乐此不疲。

不同角度表现山峦的壮阔

拍摄山峦最重要的是要把雄伟壮阔的整体气势表现出来，"远取其势，近取其貌"的说法非常适合拍摄山峦。要突出山峦的气势，就要尝试从不同的角度去拍摄，如诗中所说"横看成岭侧成峰，远近高低各不同"，所以必须寻找一个最佳的拍摄角度。

采用最多的角度无疑还是仰视，以表现山峦的高大、耸立。当然，如果身处山峦之巅或较高的位置，则可以采取俯视的角度表现一览众山小之势。

另外，平视也是采用较多的拍摄角度，采用这种视角拍摄的山峦比较容易形成三角形构图，从而表现其连绵壮阔与耸立的气势。

▲ 站在高处俯视拍摄群山，很好地表现了其层峦叠嶂的气势『焦距：28mm ┆ 光圈：F7.1 ┆ 快门速度：1/60s ┆ 感光度：ISO100』

▼ 选择平视角度结合宽画幅的应用，很好地表现了山峦连绵壮阔的气势

▲ 摄影师位于较低位置仰视拍摄大山，山体自身的纹理很好地突出了其高耸的气势『焦距：48mm ┆光圈：F13 ┆快门速度：1/60s ┆感光度：ISO100』

用云雾表现山的灵秀飘逸

山与云雾总是相伴相生，各大名山的著名景观中多有"云海"，例如在黄山、泰山、庐山都能够拍摄到很漂亮的云海照片。当云雾笼罩山体时，其形体就会变得模糊不清，在隐隐约约之间，山体的部分细节被遮挡住了，于是朦胧之中产生了一种不确定感。拍摄这样的山脉，会使画面产生一种神秘、缥缈的意境，山脉也因此变得更加灵秀飘逸。

如果只是拍摄飘过山顶或半山的云彩，只需要选择合适的天气即可，高空的流云在风的作用下，会与山产生时聚时散的效果，拍摄时多采用仰视的角度。

如果拍摄的是山间云海的效果，应该注意选择较高的拍摄位置，以至少平视的角度进行拍摄，在选择光线时应该采用逆光或侧逆光，同时注意对画面做正向曝光补偿。

用前景衬托山峦表现季节之美

在不同的季节里，山峦会呈现出不一样的景色。

春天的山峦在鲜花的簇拥之中，显得美丽多姿；夏天的山峦被层层树木和小花覆盖，显示出了大自然强大的生命力；秋天的红叶使山峦显得浪漫、奔放；冬天山上大片的积雪又让人感到寒冷和宁静。可以说四季之中，山峦各有不同的美感，只要寻找合适的角度即可。

在拍摄不同时节的山峦时，要注意通过构图方式、景别、前景或背景衬托等形式表现出山峦的特点。

▶ 近处遍野的花朵衬托着远处的山峰，将春暖花开、生机勃勃的春天很好地展现出来『焦距：21mm ┆光圈：F18 ┆快门速度：1/2s ┆感光度：ISO400』

▼ 前景中黄绿相间的树叶为远处的山峰增添了秋天的气息『焦距：26mm ┆光圈：F11 ┆快门速度：1/60s ┆感光度：ISO100』

用光线塑造山峦的雄奇伟峻

在有直射阳光的时候，用侧光拍摄有利于表现山峦的层次感和立体感，明暗层次使画面更加富有活力。如果能够遇到日照金山的光线，将是不可多得的拍摄良机。

采用侧逆光并对亮处进行测光，拍摄山体的剪影照片，也是一种不错的表现山峦的方法。在侧逆光的照射下，山体往往有一部分处于光照之中，因此不仅能够表现出山体明显的轮廓线条和少部分细节，还能够在画面中形成漂亮的光线效果，因此是比逆光更容易出效果的光线。

▲ 夕阳时分，在侧光的照射下，呈现出了典型的日照金山美景，同时山峰本身的质感也被很好地表现出来『焦距：260mm ┊ 光圈：F8 ┊ 快门速度：1/20s ┊ 感光度：ISO200』

▼ 在侧逆光的照射下，弥漫着薄雾的群山显得很缥缈，好似一幅幅中国画

拍摄树木的技巧

树木在生活中非常常见，所以在拍摄时要有新意，要对树木有特色的地方进行重点表现，这样才能给人留下更加深刻的印象。

以逆光表现枝干的线条

在拍摄树木时，可将其树干作为画面突出呈现的重点，采用较低机位的仰视角度进行拍摄，以简练的天空作为画面背景，在其衬托对比之下重点表现枝干的线条造型，这样的照片往往有较大的光比，因此多用逆光进行拍摄。

▶ 摄影师采用剪影的形式对树木独具特色的外形特征进行了重点表现，给人留下十分深刻的印象 『焦距：35mm ┊ 光圈：F10 ┊ 快门速度：1/800s ┊ 感光度：ISO100』

仰视拍摄表现树木的挺拔与树叶的通透美感

采用仰视的角度拍摄树木，有以下两个优点。

其一，如果拍摄时使用的是广角镜头，可以获得树木向画面中间汇聚的奇特视觉效果，大大增强了画面的新奇感，即使未使用广角镜头，也能够拍摄出树梢直插蓝天或树冠遮天蔽日的效果。

其二，可以借助蓝天背景与逆光，拍摄出背景色彩纯粹、质感通透的树叶，在拍摄时应该针对树叶中比较明亮的区域测光，从而使这部分区域得到正确曝光，而树干则会在画面中以阴影线条的形式出现，拍摄时可以尝试做正向曝光补偿，以增强树叶的通透质感。

▲ 采用仰视角度拍摄树木，不仅能够突出表现盘曲嶙峋的树干，还能强化逆光下叶片通透的质感 『焦距：24mm ┊ 光圈：F8 ┊ 快门速度：1/400s ┊ 感光度：ISO400』

拍摄树叶展现季节之美

　　树叶也是无数摄影爱好者喜爱的拍摄题材之一，无论是金黄还是血红的树叶，总能够在恰当的对比色下展现出异乎寻常的美丽。如果希望表现漫山红遍、层林尽染的整体气氛，应该使用广角镜头进行拍摄；而长焦镜头则适合对树叶进行局部特写表现。由于拍摄树叶的重点是表现其颜色，因此拍摄时应该将重点放在画面的背景色选择上，以最恰当的背景色来对比或衬托树叶。

　　要拍出漂亮的树叶，最好的季节是夏天或秋天。夏季的树叶茂盛而翠绿，拍摄出的照片充满生机与活力。如果在秋天拍摄，由于树叶呈大片的金黄色，能够给人一种强烈的丰收喜悦感。

▶ 在春天拍摄春雨滋润下的嫩绿树叶，画面呈现出勃勃生机，在深绿色背景的衬托下，露珠显得更加晶莹剔透『焦距：66mm ┆ 光圈：F5.6 ┆ 快门速度：1/100s ┆ 感光度：ISO200』

▼ 黄色的树叶使秋天的味道更加浓郁，画面具有强烈的季节感『焦距：47mm ┆ 光圈：F8 ┆ 快门速度：1/200s ┆ 感光度：ISO400』

捕捉林间光线使画面更具神圣感

当阳光穿透树林时，由于被树叶及树枝遮挡，因此会形成一束束透射林间的光线，这种光线被有的摄友称为"耶稣圣光"，能够为画面增加神圣感。

要拍摄这样的题材，最好选择早晨及近黄昏时分，此时太阳斜射向树林中，能够获得最好的画面效果。

在实际拍摄时，可以迎向光线以逆光进行拍摄，也可与光线平行以侧光进行拍摄。在曝光方面，可以以林间光线的亮度为准拍摄出暗调照片，以衬托林间的光线；也可以在此基础上，增加 1~2 挡曝光补偿，使画面多一些细节。

◀ 穿透树木的光线呈四射发散状，为画面增添神圣感的同时，也使画面更具形式美感『焦距：24mm ┆ 光圈：F16 ┆ 快门速度：1/20s ┆ 感光度：ISO200』

拍摄溪流与瀑布的技巧

用不同快门速度表现不同感觉的溪流与瀑布

　　要拍摄出如丝般质感的溪流与瀑布，拍摄时应使用较慢的快门速度。为了防止曝光过度，应使用较小的光圈进行拍摄，如果还是曝光过度，应考虑在镜头前加装中灰滤镜，这样拍摄出来的瀑布是雪白的，就像丝绸一般。

　　由于使用的快门速度很慢，所以拍摄时要使用三脚架。除了采用慢速快门拍出如丝般质感外，还可以使用高速快门在画面中凝固瀑布水流跌落的美景，虽然谈不上有大珠小珠落玉盘之感，却也能很好地表现瀑布的势差与水流的奔腾之势。

▼ 采用较低的快门速度将溪流拍得如丝绸一般，通过深色岩石、绿色植被与白色瀑布形成的对比，使水流的丝滑质感显得更加突出『焦距：17mm ┊ 光圈：F18 ┊ 快门速度：10s ┊ 感光度：ISO100』

通过对比突出瀑布的气势

在没有对比的情况下，很难通过画面直观判断一个事物的体量，因此，如果在拍摄瀑布时希望体现出瀑布宏大的气势，就应该通过在画面中加入容易判断大小体量的画面元素，从而通过大小对比来凸显瀑布的气势，最常用的元素就是瀑布周边的旅游者或小船。

▲ 采用广角镜头拍摄瀑布的全貌，通过处于瀑布正前方的游人与瀑布形成的对比，使观者感受到了瀑布宏大的气势『焦距：25mm ┊ 光圈：F8 ┊ 快门速度：1/2s ┊ 感光度：ISO200』

◀ 将人纳入画面，通过其与瀑布形成的对比，能够很容易地判断出瀑布的体量，从而将瀑布的恢弘气势突出表现出来『焦距：20mm ┊ 光圈：F10 ┊ 快门速度：1/200s ┊ 感光度：ISO100』

拍摄湖泊的技巧

拍摄倒影使湖泊更显静逸

蓝天、白云、山峦、树林等都会在湖面形成美丽的倒影，在拍摄湖泊时可以通过采取对称构图的方法，将水平线放在画面的中间位置，使画面的上半部分为天空，下半部分为倒影，从而使画面显得更加静逸。也可以按三分法构图原则，将水平线放在画面的上三分之一或下三分之一位置，使画面更富有变化。

▲ 使用对称式构图拍摄湖面，清晰的倒影将湖面的宁静感充分展现出来『焦距：24mm ┆ 光圈：F16 ┆ 快门速度：1/125s ┆ 感光度：ISO100』

要在画面中展现美妙的倒影，在拍摄时要注意以下几点。

1. 波动的水面不会展现完美倒影，因此应选择在湖泊上风很小的时候进行拍摄，以保持湖面的平静。

2. 在画面中能够体现多少水面的倒影，与拍摄角度有关，拍摄角度越小，映入镜头的倒影就越多。

3. 逆光与侧逆光是表现倒影的首选光线，应尽量避免使用顺光或顶光拍摄。

4. 在倒影存在的情况下，应该适当增加曝光补偿，以使画面的曝光更准确。

▲ 前景处湖底清晰可见的岩石打破了画面完全对称的呆板，使画面看起来更加生动『焦距：35mm ┆ 光圈：F18 ┆ 快门速度：1/320s ┆ 感光度：ISO200』

选择合适的陪体使湖泊更有活力

在拍摄湖泊时，应适当选取岸边的景物作为衬托，如湖边的树木、花卉、岩石、山峰等，如果能够以飞鸟、游人、小船等对象作为陪体，能够使平静的湖面充满生机与活力。

▲ 蓝色的湖水与湖畔的绿树固然很美，但却缺乏看点与生气，将行船置于画面的中景处，顿时使湖面充满了活力『焦距：18mm ┊光圈：F22 ┊快门速度：1/10s ┊感光度：ISO100』

▲ 湖边或红或黄的树木与湖面上的鸭子使宁静的湖泊更具活力『焦距：20mm ┊光圈：F16 ┊快门速度：1s ┊感光度：ISO100』

拍摄雾霭景象的技巧

雾气不仅增强了画面的透视感，还赋予了照片朦胧的气氛，使照片具有别样的诗情画意。一般来说，由于浓雾的能见度较差，透视性不好，因此拍摄雾景时通常应选择薄雾。薄雾的湿度较低，能见度和光线的透视性都比浓雾好很多，在薄雾环境中，近景可以相对较清晰地呈现在画面中，而中景和远景要么被雾气所掩盖，要么就在雾气中若隐若现，有利于营造神秘的氛围。

选择合适的光线拍摄雾景

在顺光或顶光下，雾会产生强烈的反射光，容易使整个画面显得苍白，色泽较差且没有质感。而采用逆光、侧逆光或前侧光拍摄，更有利于表现画面的透视感和层次感，通过画面中光与影的效果营造出一种更飘逸的意境。因此，雾景适宜用逆光或侧逆光来表现，逆光或侧逆光还可以使画面远处的景物呈现为剪影效果，从而使画面更有空间感。

调整曝光补偿使雾气更洁净

因为雾是由许多细小水珠形成的，可以反射大量的光线，所以雾景的亮度较高，因此根据白加黑减的曝光补偿原则，通常应该增加 1/3~1 挡的曝光补偿。

调整曝光补偿时，还要考虑所拍摄场景中雾气的面积这个因素，面积越大意味着场景越亮，就越应该增加曝光补偿；若面积很小的话，则不必增加曝光补偿。

善用景别使画面更有层次

由于雾气对光的强烈散射作用，使雾气中的景物具有明显的空气透视效果，因此越远处的景物看上去越模糊，如果在构图时充分考虑这一点，就能够使画面具有更明显的层次。

因为雾气属于亮度较高的景物，因此当画面中存在暗调景物并与雾气相互交融时，就能够使画面具有明显的层次和对比。

要做到这一点，首先应该选择逆光进行拍摄，其次在构图时应该利用远景来衬托前景与中景，利用光线造成的前景、中景、远景间不同的色调对比，使画面更具有层次。

增加曝光补偿使弥漫在深秋色彩缤纷树林间的雾气显得更加洁白，很好地烘托出了画面意境『焦距：120mm｜光圈：F8｜快门速度：1/250s｜感光度：ISO100』

拍摄日出、日落的技巧

　　日出、日落是许多摄影爱好者最喜爱的拍摄题材之一，在诸多获奖摄影作品中，也不乏以此为拍摄主题的照片，但由于太阳是最亮的光源，无论是测光还是曝光都有一定的难度，因此，如果不掌握一定的拍摄技巧，很难拍摄出漂亮的日出、日落照片。

选择正确的测光方法是成功的开始

　　拍摄日出、日落时，较难掌握的是曝光控制。此时天空和地面的亮度反差较大，如果对准太阳测光，太阳的层次和色彩会有较好的表现，但会导致云彩、天空和地面景物因曝光不足而呈现出一片漆黑的景象；而对准地面景物测光，会导致太阳和周围的天空因曝光过度而失去色彩和层次。

　　正确的测光方法是使用中央重点测光模式，对准太阳附近的天空进行测光，这样不会导致太阳曝光过度，而天空中的云彩也有较好的表现。

利用小光圈拍摄太阳的光芒

　　为了表现太阳耀眼的光芒，烘托画面的气氛，增加画面的感染力，通常需要选择 F16~F32 的小光圈，从而使太阳的光线呈现出漂亮的光芒效果。

　　拍摄时所使用的光圈越小，光芒效果越明显。如果采用大光圈拍摄，太阳的光线会均匀散开，无法形成光芒效果。

▲ 采用点测光针对天空的中灰部分进行测光，远景中的建筑在逆光的照射下呈现为剪影效果，使用阴天白平衡可将画面渲染成暖色调，很好地突出了日落的气氛『焦距：80mm ┊ 光圈：F8 ┊ 快门速度：1/640s ┊ 感光度：ISO200』

▲ 使用小光圈能够把太阳拍成光芒万丈的效果，同时耀眼的太阳也起到引导观者视线的作用『焦距：28mm ┊ 光圈：F16 ┊ 快门速度：1/8s ┊ 感光度：ISO100』

用合适的陪体为照片添姿增色

从画面构成来讲，拍摄日出、日落时，不要直接将镜头对着天空，这样拍出的照片会显得单调。可选择树木、山峰、草原、大海、河流等景物作为前景，以衬托日出、日落时特殊的氛围。尤其是以树木等景物作为前景时，树木呈现出漂亮的剪影效果。阴暗的前景能和较亮的天空形成鲜明的对比，从而增强画面的形式美感。

如果要拍摄的日出或日落场景中有水面，可以在构图时选择天空、水面各占一半的构图形式，或者在画面中加大波光粼粼水面所占的面积，此时如果依据水面的亮度进行曝光，可以适当提高一挡或半挡曝光量，以抵消光经过水面折射而产生的损失。

选择在水边拍摄日落，湖面上折射出的云霞影子起到了丰富画面色彩的作用『焦距：18mm ┊光圈：F16 ┊快门速度：1/13s ┊感光度：ISO200』

用长焦镜头拍摄出大太阳

　　如果希望在照片中呈现出面积较大的太阳，要尽可能使用长焦距拍摄。通常在标准的 35mm 幅面的画面上，太阳的直径只是焦距的 1/100。因此，如果用 50mm 标准镜头拍摄，太阳的直径为 0.5mm；如果使用 200mm 的焦距拍摄，则太阳的直径为 2mm；如果使用 400mm 的焦距拍摄，太阳的直径就能够达到 4mm。

使用长焦镜头拍摄太阳，由于长焦镜头有压缩画面的作用，因此太阳呈现出大于人眼观看到的影像效果，从而使画面更加震撼且具有感染力『焦距：200mm ┊光圈：F8 ┊快门速度：1/640s ┊感光度：ISO100』

用云彩衬托太阳使画面更辉煌

拍摄日出、日落时，云彩有时是最主要的表现对象，无论是日在云中还是云在日旁，在太阳的照射下，云彩都会表现出异乎寻常的美丽，从云彩中间或旁边透射出的光线更应该是重点表现的对象。因此，拍摄日出、日落的最佳季节是春、秋两季，此时云彩较多，可增强画面的艺术感染力。

▲ 黄昏时分的太阳将其周围的白云染成橘红色，同时云霞将太阳衬托得更加辉煌，把日落前温暖、祥和的气氛烘托出来『焦距：85mm ┊ 光圈：F10 ┊ 快门速度：1/800s ┊ 感光度：ISO100』

善用 RAW 格式为后期处理留有余地

大多数初学者在拍摄日出、日落场景时，得到的照片要么是一片漆黑，要么是一片亮白，高光部分完全没有细节。因此，对于摄影爱好者而言，除了在测光与拍摄技巧方面要加强练习外，还可以在拍摄时为后期处理留有余地，即将照片的保存格式设置为 RAW 格式，或者 RAW+JPEG 格式，这样拍摄后就可以对照片进行更多的后期处理，以挽回这些可能"报废"的片子。

拍摄冰雪的技巧

运用曝光补偿准确还原白雪

由于雪的亮度很高，如果按照相机给出的测光值曝光，会造成曝光不足，使拍摄出的雪呈灰色，所以拍摄雪景时一般都要使用曝光补偿功能对曝光进行修正，通常需增加 1 ～ 2 挡曝光补偿。并不是所有的雪景都需要进行曝光补偿，如果所拍摄的场景中白雪的面积较小，则无需进行曝光补偿操作。

▲ 在拍摄雪景时，由于增加了 1 挡曝光补偿，从而使雪显得更加洁白『焦距：80mm ┆ 光圈：F13 ┆ 快门速度：1/1000s ┆ 感光度：ISO100』

用白平衡塑造雪景的个性色调

在拍摄雪景时，摄影师可以结合实际环境的光源色温进行拍摄，以得到洁净的纯白影调、清冷的蓝色影调或铺上金黄的冷暖对比影调，也可以结合相机的白平衡设置来获得独具创意的画面影调效果，以服务于画面的主题。

▲ 在日落时分拍摄时，将白平衡设置为阴天模式可使画面呈现为蓝紫色，从而为画面营造一种梦幻的美感『焦距：20mm ┆ 光圈：F5.6 ┆ 快门速度：1/25s ┆ 感光度：ISO400』

雪地、雪山、树挂都是极佳的拍摄对象

在拍摄开阔、空旷的雪地时，为了让画面更有层次和质感，可以采用低角度逆光拍摄，使远处低斜的太阳不仅为开阔的雪地铺上一层浓郁的色彩，同时还能将其细腻的质感也凸显出来。

雪与雾一样，如果没有对比、衬托，表现效果则不会太理想，因此在拍摄雪山与树挂时，可以通过构图使山体上裸露出来的暗调山岩、树枝与白雪形成明暗对比。

如果没有合适的拍摄条件，可以将注意力放在类似于花草这样随处可见的微小景观上，拍摄冰雪中绽放的美丽。

▲ 由于使用偏振镜过滤掉了天空中的杂色，提高了画面的饱和度，因此在蓝天背景的衬托下，白色的树挂显得更加洁白『焦距：85mm ┆ 光圈：F2 ┆ 快门速度：1/8000s ┆ 感光度：ISO200』

选对光线让冰雪晶莹剔透

拍摄冰雪的最佳光线是逆光、侧逆光，采用这两种光线拍摄，能够使光线穿透冰雪，从而表现出冰雪晶莹剔透的质感。

▲ 在这张逆光作品中，通过增加 0.5 挡曝光补偿将小冰晶表现得晶莹剔透、韵味十足『焦距：135mm ┆ 光圈：F9 ┆ 快门速度：1/500s ┆ 感光度：ISO100』

『焦距：500mm ┊ 光圈：F4 ┊ 快门速度：1/400s ┊ 感光度：ISO1600』

Chapter **11**

Nikon D5500 昆虫与鸟类摄影技巧

使用长焦镜头"打鸟"

因为鸟类易受人的惊扰，所以通常要使用 200mm 以上的焦距才能使拍出的鸟儿在画面中占据较大的面积。使用长焦镜头拍摄的另一个好处是，在一些不易靠近的地方也可以轻松拍摄到鸟儿，如在大海或湖泊上。

使用长焦镜头仰拍落在树枝上的鸟儿，虚化的黄绿色背景将主体很好地衬托出来，画面更加真实、生动『焦距：500mm ┊ 光圈：F5 ┊ 快门速度：1/250s ┊ 感光度：ISO400』

捕捉鸟儿最动人的瞬间

一个漂亮的画面，只能够令人赞叹，而一个有意义、有情感的画面则令人难忘，这正是摄影的力量。与人类一样，鸟类同样拥有丰富的情感世界，也有喜悦哀愁，情感不同会表现出不同的动作。以艺术写意的手法来表现鸟类在自然生态环境中感人至深的情感，就能够为照片带来感情色彩，从而打动观众。

因此在拍摄鸟类时，应注意捕捉鸟类之间喂哺、争吵、呵护的情景，这样的画面就具有了超越同类作品的内涵，使人感觉到画面中的鸟儿是鲜活的，与人类一样有情、有爱、有生、有死，从而引起观众的情感共鸣。

▲ 摄影师将水面作为背景，拍摄两只相互依偎的天鹅，既明确交代了环境要素，又通过天鹅的神态使画面更富有情感韵味『焦距：235mm ┊ 光圈：F5 ┊ 快门速度：1/500s ┊ 感光度：ISO200』

选择合适的背景拍摄鸟儿

对于拍摄鸟类来说，最合适的背景莫过于天空和水面。一方面可以获得比较干净的背景，突出被摄体的主体地位；另一方面，天空和水面在表达鸟类生存环境方面比较有代表性，例如，在拍摄鹳、野鸭等水禽时，以水面为背景可以很好地交代其生存的环境。

使用长焦镜头以水面为背景拍摄低飞的水鸟，可以将它们的生存状态真实地呈现出来『焦距：45mm │光圈：F5 │快门速度：1/125s │感光度：ISO100』

选择最合适的光线拍摄鸟儿

在拍摄鸟类时，如果其身体上的羽毛较多且均匀，颜色也很丰富，不妨采用顺光进行拍摄，以充分表现其华美的羽翼。如果光线不够充分，不妨采用逆光的方式进行拍摄，以将其半透明的羽毛拍摄成为环绕身体的明亮的外轮廓线。如果逆光较强，可以针对天空较明亮处测光，并在拍摄时做负向曝光补偿，将鸟儿表现为深黑的剪影效果。

▲ 采用逆光拍摄天鹅，光线透过翅膀，使其呈现出半透明的质感，加之湖面上柔美的波光，让画面充满了艺术感染力『焦距：170mm │光圈：F8 │快门速度：1/800s │感光度：ISO200』

▲ 采用逆光拍摄，将三只丹顶鹤的轮廓以极具艺术美感的形式呈现出来『焦距：350mm │光圈：F7.1 │快门速度：1/800s │感光度：ISO100』

选择合适的景别拍摄鸟儿

要以写实的手法表现鸟儿，可以采取拍摄其整体的手法，也可以采取拍摄局部特写的手法。表现鸟儿整体的优点在于，能够使照片更具故事性，纪实、叙事的意味很浓，能够让观众欣赏到完整优美的鸟儿形体。

如果要采取局部特写的表现手法，可以将着眼点放在如天鹅的曲颈、孔雀的尾翼、飞鹰的硬喙、猫头鹰的眼睛等极具特征的局部上，以这样的景别拍摄的照片能给人留下深刻的印象。如果特写表现的是鸟儿的头部，拍摄时应对焦在鸟儿的眼睛上。

▲ 用特写的景别拍摄别具特色的鹦鹉头部，纤毫毕现的头部羽毛在虚化背景的衬托下显得更加突出，画面具有极强的视觉冲击力『焦距：260mm │ 光圈：F3.5 │ 快门速度：1/400s │ 感光度：ISO100』

▼ 用全景景别来拍摄落在树枝上吸食花蜜的小鸟，将环境也一同呈现使画面更加真实、自然『焦距：500mm │ 光圈：F5.6 │ 快门速度：1/500s │ 感光度：ISO800』

『焦距：90mm ┊ 光圈：F3.5 ┊ 快门速度：1/2000s ┊ 感光度：ISO400』

Chapter **12**

Nikon D5500 花卉摄影技巧

采用人工喷水的方法使荷花花瓣沾满了水珠，花瓣看起来更加娇艳动人，并且使得画面看上去仿佛是在清晨时分拍摄的，对渲染气氛起到很好的辅助作用『焦距：100mm┊光圈：F4┊快门速度：1/320s┊感光度：ISO100』

用水滴衬托花朵的娇艳

在早晨的花园、森林中能够发现无数出现在花瓣、叶尖、叶面、枝条上的露珠，在阳光下显得晶莹闪烁、玲珑可爱。拍摄带有露珠的花朵，能够表现出花朵的娇艳与清新的自然感。

要拍摄有露珠的花朵，最好用微距镜头以特写的景别进行拍摄，使分布在叶面、叶尖、花瓣上的露珠不但给人一种雨露滋润的感觉，还能够在画面中形成奇妙的光影效果。景深范围内的露珠清晰明亮、晶莹剔透；而景深外的露珠则形成一些圆形或六角形的光斑，装饰美化着背景，给画面平添几分情趣。

如果没有拍摄露珠的条件，也可以用小喷壶对着花朵喷几下，从而使花朵上沾满水珠。

拍出有意境和神韵的花卉

　　意境是中国古典美学中一个特有的范畴，反映在花卉摄影中，指拍摄者观赏花卉时的思想情感与客观景象交融而产生的一种境界。其形成与拍摄者的主观意识、文化修养及情感境遇密切相关，花卉的外形、质感乃至影调、色彩等视觉因素都可能触发拍摄者的联想，因而意境的流露常常伴随着拍摄者丰富的情感，在表达上多采用移情于物或借物抒情的手法。我国古典诗词中有很多脍炙人口的咏花诗句，如"墙角数枝梅，凌寒独自开""短短桃花临水岸，轻轻柳絮点人衣""冲天香阵透长安，满城尽带黄金甲"，将类似的诗名熟记于心，以便在看到相应的场景时就能引发联想，以物抒情，使作品具有诗境。

以斜线式构图拍摄两朵相互依偎的梅花，它们仿佛在严寒中相互扶持，将最美好的一面展现出来，画面充满了意境美『焦距：105mm ┊光圈：F5.6 ┊快门速度：1/125s ┊感光度：ISO200』

仰拍获得高大形象的花卉

如果要拍摄的花朵周围环境比较杂乱，采用平视或俯视的角度很难拍摄出漂亮的画面，则可以考虑采用仰视的角度进行拍摄，此时由于画面的背景为天空，因此很容易获得背景纯净、主体突出的画面。

如果花朵生长的位置较高，比如生长在高高树枝上的梅花、桃花，那么拍摄起来就比较容易。

如果花朵生长在田原、丛林之中，如野菊花、郁金香等，则要有弄脏衣服和手的心理准备，为了获得最佳拍摄角度，可能要趴在地上将相机放得很低。

而如果花朵生长在池塘、湖面之上，如荷花、莲花，则可能无法按这样的方法拍摄，需要另觅他途。

▲ 低角度仰拍花卉，使花儿显得十分高大，由于区别于平常所见，因此画面具有很强的视觉冲击力『焦距：18mm ┊光圈：F11 ┊快门速度：1/200s ┊感光度：ISO100』

俯拍展现星罗棋布的花卉

采用这种角度拍摄时，最好用散点构图形式，散点式构图的主要特点是"形散而神不散"，因此，采用这种构图手法拍摄时，要注意花丛的面积不要太大，分布在花丛中的花朵在颜色、明暗等方面应与环境形成鲜明的对比，否则没有星罗棋布的感觉，要突出的花朵也无法在花丛中凸显出来。

▲ 以俯视的角度拍摄大片花朵，散点式构图将花朵星罗棋布的效果充分展现出来『焦距：35mm ┊光圈：F5.6 ┊快门速度：1/125s ┊感光度：ISO200』

逆光拍出有透明感的花瓣

采用逆光拍摄花卉时，可以清晰地勾勒出花朵的轮廓线。如果所拍摄花的花瓣较薄，则光线能够透过花瓣，使其呈现出透明或半透明效果，从而更细腻地表现出花的质感、层次和花瓣的纹理。拍摄时要用闪光灯、反光板进行适当的补光处理，并应对透明的花瓣以点测光模式测光，以花的亮度为基准进行曝光。

采用逆光拍摄的画面，花瓣呈现出半透明效果，并且纹理也清晰地呈现出来『焦距：200mm ┊ 光圈：F2.8 ┊ 快门速度：1/1250s ┊ 感光度：ISO100』

选择最能够衬托花卉的背景颜色

在花卉摄影中，背景色作为画面的重要组成部分，起到烘托、映衬主体，丰富作品内涵的积极作用。由于不同的颜色给人不一样的感觉，对比明显的色彩会使主体与背景间的对比更加强烈，而和谐的色彩搭配则让人有惬意、祥和之感。

通常可以采取深色、浅色、蓝天色三种背景拍摄花卉。使用深色或浅色背景拍摄花卉的视觉效果极佳，画面中蕴涵着一种特殊的氛围。其中又以最深的黑色与最浅的白色背景最为常见，黑色背景的花卉照片显得神秘，主体非常突出；白色背景的画面显得简洁，给人一种很纯洁的视觉感受。

拍摄背景全黑花卉照片的方法有两种：一是在花朵后面安排一块黑色的背景布；二是如果被摄花朵正好处于受光较好的位置，而背景处在阴影下，此时使用点测光对花朵亮部进行测光，这样也能拍摄到背景几乎全黑的照片。

如果所拍摄花卉的背景过于杂乱，或者要拍摄的花卉面积较大，无法通过放置深色或浅色布或板子的方法进行拍摄，则可以考虑采用仰视角度以蓝天为背景进行拍摄，以使画面中的花卉在蓝天的映衬下显得干净、清晰。

▲ 绿色的背景衬托着粉黄相间的蝴蝶兰，使花朵更显娇艳，给人自然、清新之感『焦距：220mm ┊光圈：F5.6 ┊快门速度：1/25s 感光度：ISO200』

▼ 以干净的蓝色天空作为背景，突出了粉色花卉的纯洁与美丽，画面给人以清新自然的感觉『焦距：85mm ┊光圈：F7.1 ┊快门速度：1/250s ┊感光度：ISO200』

加入昆虫让花朵更富有生机

　　拍摄昆虫出镜照片时一定要清楚主体是花朵，最好不要使昆虫在画面中占据太显眼的位置，昆虫的色彩也不能过于艳丽，否则会造成喧宾夺主、干扰主体的视觉效果。

　　在拍摄时，由于昆虫经常不停地飞动或爬行，想要获得合适的拍摄角度和位置，就需要摄影师耐心等候。

摄影师抓拍到小蜜蜂正准备采蜜的有趣情景，由于蜜蜂所占比例很小，所以没有影响到花朵的主体地位，并且还使画面更富有生机『焦距：200mm┊光圈：F8┊快门速度：1/500s┊感光度：ISO320』

『焦距：22mm ┊ 光圈：F6.3 ┊ 快门速度：40s ┊ 感光度：ISO200』

13
Chapter
Nikon D5500 建筑摄影技巧

合理安排线条使画面有强烈透视感

在拍摄建筑题材时，如果要想使画面有真实的透视效果与较大的纵深空间，可以根据需要寻找合适的拍摄角度和位置，并充分利用透视规律。

在建筑物中选取平行的轮廓线条，如桥索、扶手、路基，使其在远方交汇于一点，从而营造出强烈的透视感，这样的拍摄手法在拍摄隧道、长廊、桥梁、道路等题材时最为常用。

如果所拍摄的建筑物体量不够宏伟、纵深不够大，可以利用广角镜头夸张强调建筑物线条的变化，或在构图时选取排列整齐、变化均匀的对象，如一排窗户、一列廊柱、一排地面的瓷砖等。

▲ 利用广角镜头拍摄建筑内部，室内的构造由于近大远小的透视关系而呈现出向远处汇聚的效果，使画面具有很强的透视感『焦距：20mm ┊光圈：F16 ┊快门速度：1/25s ┊感光度：ISO100』

用侧光增强建筑的立体感

利用侧光拍摄建筑时，由于光线的原因，画面中会出现阴影或投影，建筑外立面的屋脊、挑檐、外飘窗、阳台均能够形成比较明显的明暗对比，因此能够很好地突出建筑的立体感和空间感。

要注意的是，此时最好以斜向45°的方向进行拍摄，从正面或背面拍摄时，由于只能够展示一个面，因此不会表现出理想的立体效果。

▶ 在侧光下拍摄建筑，强烈的明暗对比突显出欧式建筑的结构美感，并且增强了建筑的立体效果『焦距：200mm ┊光圈：F11 ┊快门速度：1/500s ┊感光度：ISO100』

逆光拍摄勾勒建筑优美的轮廓

　　逆光对于表现轮廓分明、结构有形式美感的建筑非常有效，如果要拍摄的建筑环境比较杂乱且无法避让，摄影师就可以将拍摄的时间安排在傍晚，用天空的余光将建筑拍成剪影。此时，太阳即将落下，夜幕将至，华灯初上，拍摄出来的剪影建筑画面中不仅有大片的深色调，还有星星点点的色彩与灯光，使画面明暗平衡、虚实相衬，而且略带神秘感，能够引发观众的联想。

　　在具体拍摄时，只需要针对天空中亮处进行测光，建筑物就会由于曝光不足而呈现为黑色的剪影效果，如果按此方法得到的是半剪影效果，可以通过降低曝光补偿使暗处更暗，从而使建筑物的轮廓外形更明显。

▼ 黄昏时分采用逆光拍摄建筑，使被摄建筑呈现为美妙的剪影效果，画面简洁且具有形式美感『焦距：25mm ┊ 光圈：F9 ┊ 快门速度：1/125s ┊ 感光度：ISO400』

利用建筑结构的韵律塑造画面的形式美感

由于建筑自身的特点，我们见到的大多数建筑都具有形式美感。例如，直上直下的建筑显得简洁、明快；造型多变的建筑虽然看起来复杂但具结构美感；线条流畅的建筑则会展现出韵律与节奏，这样的建筑犹如凝固的乐符一般会让人过目难忘。

在拍摄建筑时，如果能抓住建筑结构所展现出的形式美感进行表现，就能拍摄出非常优秀的作品。在拍摄这样的照片时，既可从整体入手，也可以从局部入手进行拍摄。

▼ 用广角镜头拍摄地铁候车厅的内部，透视关系与候车厅的内部构造共同作用形成了具有强烈纵深感的画面，并且画面充满了现代气息与韵律美感『焦距：32mm ┊ 光圈：F7.1 ┊ 快门速度：1.6s ┊ 感光度：ISO200』

用长焦展现建筑独特的外部细节

　　如果觉得建筑物的局部细节非常完美，则不妨使用长焦镜头，专门对其局部进行特写拍摄。这样可以使建筑的局部细节得到放大，给观众留下更加深刻的印象。

▶ 利用长焦镜头拍摄古建筑的局部，从其精美的局部结构就可领略到整体建筑的恢弘与气派『焦距：36mm ┊光圈：F7.1 ┊快门速度：1/200s ┊感光度：ISO100』

▼ 使用长焦镜头拍摄建造在岩石之中的建筑，将其质感清晰地呈现出来『焦距：70mm ┊光圈：F7 ┊快门速度：1/125s ┊感光度：ISO100』

室内弱光拍摄建筑精致的内景

在拍摄建筑时，除了拍摄宏大的整体造型及外部细节之外，也可以进入建筑物内部拍摄内景，如歌剧院、寺庙、教堂等建筑物内部都有许多值得拍摄的细节。由于室内的光线较暗，在拍摄时应注意快门速度的选择，如果快门速度低于安全快门，应适当开大几挡光圈。当然，提高 ISO 感光度、开启光学防抖功能，也都是防止成像模糊的有效办法。

▼ 平视拍摄建筑内景时，由于光线较暗，需使用较慢的快门速度，为了避免拍摄时由于手的抖动而导致画面模糊，因此使用了三脚架来固定相机『焦距：20mm ┆光圈：F18 ┆快门速度：10s ┆感光度：ISO100』

通过对比突出建筑的体量感

在没有对比的情况下，很难通过画面直观判断出这个建筑的体量。因此，如果在拍摄建筑时希望体现出建筑宏大的气势，就应该通过在画面中加入容易判断大小体量的画面元素，从而通过大小对比来表现建筑的气势，最常见的元素就是建筑周边的行人或者大家比较熟知的其他小型建筑。总而言之，就是用大家知道的景物或人来对比判断建筑物的体量。

▲ 使用广角镜头仰视拍摄建筑内部，将人物纳入画面，使观者通过人物的体量判断出建筑的体量，突出了建筑的宏伟气势『焦距：20mm ┊ 光圈：F9 ┊ 快门速度：1/125s ┊ 感光度：ISO200』

拍摄蓝调天空夜景

要表现城市夜景，在天空完全黑下来后才去拍摄，并不一定是个好的选择，虽然那时城市里的灯光更加璀璨。实际上，当太阳刚刚落山，夜幕正在降临，路灯也刚刚开始点亮时，是拍摄夜景的最佳时机。此时天空具有更丰富多彩的颜色，通常是蓝紫色，而且在这段时间拍摄夜景，天空的余光能勾勒出天际边被摄体的轮廓。

如果希望拍摄出深蓝色调的夜空，应该选择一个雨过天晴的夜晚，由于大气中的粉尘、灰尘等物质经过雨水的附带而降落到地面上，使得天空的能见度提高而变为纯净的深蓝色。此时，带上拍摄装备去拍摄天完全黑透之前的夜景，会获得十分理想的画面效果，画面将呈现出醉人的蓝色调，让人觉得仿佛走进了童话故事里的世界。

▲ 傍晚拍摄的画面，此时天空的色调偏冷，为了增强画面中天空的蓝调氛围，可将白平衡设为荧光灯模式『焦距：80mm ┊ 光圈：F9 ┊ 快门速度：1/2s ┊ 感光度：ISO800』

长时间曝光拍摄城市动感车流

使用慢速快门拍摄车流经过留下的长长的光轨，是绝大多数摄影爱好者喜爱的城市夜景题材。但要拍出漂亮的车灯轨迹，对拍摄技术有较高的要求。

很多摄友拍摄城市夜晚车灯轨迹时常犯的错误是选择在天色全黑时拍摄，实际上应该选择天色未完全黑时进行拍摄，这时的天空有宝石蓝般的色彩，此时拍出照片中的天空才会漂亮。

如果要让照片中的车灯轨迹呈迷人的 S 形线条，拍摄地点的选择很重要，应该寻找能够看到弯道的地点进行拍摄，如果在过街天桥上拍摄，那么出现在画面中的灯轨线条必然是有汇聚效果的直线条，而不是 S 形线条。

拍摄车灯轨迹一般选择快门优先模式，并根据需要将快门速度设置为 30s 以内的数值（如果要使用超过 30s 的快门速度进行拍摄，则需要使用 B 门）。在不会过曝的前提下，曝光时间的长短与最终画面中车灯轨迹的长度成正比。

使用这一拍摄技巧，还可以拍摄城市中其他有灯光装饰的对象，如摩天轮、音乐喷泉等，使运动中的对象在画面中形成光轨。

▲ 使用 B 门拍摄车流，流畅的车灯线条使画面充满了动感效果『焦距：24mm ┊ 光圈：F18 ┊ 快门速度：30s ┊ 感光度：ISO100』

▶ 采用慢速快门在夜晚拍摄车流轨迹，蜿蜒的线条增强了画面的纵深感与流动感，在拍摄时使用了三脚架与遥控快门线以保证获得更加清晰的画面效果『焦距：17mm ┊ 光圈：F18 ┊ 快门速度：10s ┊ 感光度：ISO100』

利用水面拍出极具对称感的夜景建筑

　　在上海隔着黄浦江能够拍摄到漂亮的外滩夜景，而在香港则可以在香江对面拍摄到点缀着璀璨灯火的维多利亚港，实际上类似这样临水而建的城市在国内还有不少，在拍摄这样的城市时，利用水面拍出极具对称效果的夜景建筑是一个不错的选择。夜幕下城市建筑群的璀璨灯光，会在水面折射出五颜六色的、长长的倒影，不禁让人感叹城市的繁华、时尚。

　　要拍出这样的效果，需要选择一个没有风的天气，否则在水面被风吹皱的情况下，倒影的效果不会太理想。

　　此外，要把握曝光时间，其长短对于最终的结果影响很大。如果曝光时间较短，水面的倒影中能够依稀看到水流的痕迹；而较长的曝光时间能够将水面拍成如镜面一般平整。

▼ 采用水平对称构图拍摄的水边建筑夜景，画面给人以平稳、宁静的感觉，蓝色调为画面营造出了些许神秘、深邃的氛围『焦距：18mm ┊ 光圈：F16 ┊ 快门速度：125s ┊ 感光度：ISO100』

拍摄城市夜晚燃放的焰火

许多城市在重大节日都会燃放烟花，有些城市甚至经常进行焰火表演，例如香港就经常在维多利亚港燃放烟花。在弱光环境下拍摄短暂绽放的漂亮烟花，对摄影爱好者而言不能不说是一个比较大的挑战。

▲ 拍摄烟花的曝光时间较长，使用三脚架固定相机有利于拍摄到清晰的画面，将地面景物纳入画面更加突出了烟花的绚丽『焦距：20mm ┊ 光圈：F8 ┊ 快门速度：5s ┊ 感光度：ISO100』

漂亮的烟花各有精彩之处，但拍摄技术却大同小异，具体来说有三点，即对焦技术、曝光技术、构图技术。

如果在烟花升起后才开始对焦拍摄，待对焦成功后烟花也差不多都谢幕了，因此，如果所拍摄烟花的升起位置都差不多的话，应该先以一次礼花作为对焦的依据，拍摄成功后，切换至手动对焦方式，从而保证后面每次拍摄都能正确对焦。如果条件允许的话，也可以对周围被灯光点亮的建筑进行对焦，然后使用手动对焦模式拍摄烟花。

在曝光技术方面，要把握两点：一是曝光时间，二是光圈大小。烟花从升空到燃放结束，大概只有5~6s 的时间，而最美的阶段则是前面的 2~3s，因此，如果只拍摄一朵烟花，可以将快门速度设定在这个范围内。如果距离烟花较远，为了确保画面的景深，应

将光圈设置为 F5.6~F10 之间。如果拍摄的是持续燃放的烟花，应适当缩小光圈，以免画面曝光过度。拍摄时所用光圈的数值，要在遵循上述原则的基础上，根据拍摄环境的光线情况反复尝试，切不可照搬硬套。

构图时可将地面上有灯光的景物、人群也纳入画面，以美化画面或增加画面气氛。因此，要使用广角镜头进行拍摄，以将烟花和周围景物都纳入画面。

如果想得到蒙太奇的画面效果，让多个焰火叠加在一张照片上，应该使用 B 门模式。拍摄时按下快门后，用不反光的黑卡纸遮住镜头，每当烟花升起，就移开黑卡纸让相机曝光 2~3s，多次之后释放快门可以得到多重烟花同时绽放的画面。需要注意的是，总曝光时间要计算好，不能超出合适曝光所需的时间。另外，按下 B门后要利用快门线锁住快门，拍摄完毕后再释放。